水肥一体化技术
理论基础与应用

魏志远　刘永霞　侯宪文　主编

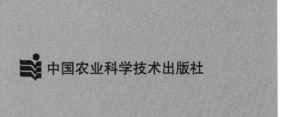

中国农业科学技术出版社

图书在版编目（CIP）数据

水肥一体化技术理论基础与应用／魏志远，刘永霞，侯宪文主编. --北京：中国农业科学技术出版社，2022.9（2024.9重印）

ISBN 978-7-5116-5915-6

Ⅰ.①水… Ⅱ.①魏…②刘…③侯… Ⅲ.①肥水管理 Ⅳ.①S365

中国版本图书馆 CIP 数据核字（2022）第 172161 号

责任编辑　倪小勋　徐定娜
责任校对　马广洋
责任印制　姜义伟　王思文

出 版 者　中国农业科学技术出版社
　　　　　北京市中关村南大街 12 号　　邮编：100081
电　　话　（010）82105169（编辑室）　　（010）82109702（发行部）
　　　　　（010）82109709（读者服务部）
网　　址　https://castp.caas.cn
经 销 者　各地新华书店
印 刷 者　北京中科印刷有限公司
开　　本　185 mm×260 mm　1/16
印　　张　13.75
字　　数　270 千字
版　　次　2022 年 9 月第 1 版　2024 年 9 月第 5 次印刷
定　　价　46.00 元

《水肥一体化技术理论基础与应用》
编写人员

主　编：魏志远　刘永霞　侯宪文

副主编：薛　忠　何应对　杨海波　李光义　梁　雨　韩玉玲

编　者：

魏志远　副研究员（中国热带农业科学院热带作物品种资源研究所）

刘永霞　副研究员（中国热带农业科学院海口实验站）

侯宪文　研究员（中国热带农业科学院环境与植物保护研究所）

薛　忠　副研究员（中国热带农业科学院南亚热带作物研究所）

何应对　副研究员（中国热带农业科学院海口实验站）

杨海波　副研究员（山西农业大学果树研究所）

李光义　副研究员（中国热带农业科学院环境与植物保护研究所）

梁　雨　助理研究员（中国热带农业科学院热带作物品种资源研究所）

韩玉玲　助理研究员（中国热带农业科学院热带作物品种资源研究所）

前　言

　　水肥一体化技术自 20 世纪 50 年代开始发展起来，在一些灌溉、施肥技术发达的国家（如以色列、美国、澳大利亚、西班牙、荷兰等），已形成了完善的设备生产、肥料配制、推广和服务的技术体系。我国水肥一体化技术的发展相比发达国家要慢得多，但在引入我国后也得到了长足的发展。在引进国外先进生产工艺的基础上，我国灌溉设备的规模化生产基础逐步形成，在应用上由试验、示范到大面积推广，已取得显著的节水效益和增产效益。在进行节水灌溉试验的同时，开始开展水肥一体化的试验研究。

　　21 世纪开始，全国农业技术推广服务中心每年在不同地区举办水肥一体化技术培训班，水肥一体化技术应用面积逐步扩大。特别是温室及大棚蔬菜的生产，推动了水肥一体化技术的不断完善和发展。当前水肥一体化灌溉施肥技术已经由过去局部试验示范发展为大面积推广应用，辐射范围由华北地区扩大到西北干旱区、东北寒温带和华南亚热带地区，覆盖了设施栽培、无土栽培、露地栽培，以及蔬菜、花卉、苗木、大田作物等多种栽培模式和作物。一些研究单位和企业结合，研究开发出适合当地条件的施肥设备和灌溉技术。在经济发达地区，水肥一体化技术的水平日益提高，涌现了一批设备配置精良、并实现了专家系统智能自动控制的大型示范工程。部分地区因地制宜实施的山区重力自压滴灌施肥、瓜类栽培吊瓶滴灌施肥、华南地区利用灌溉系统施用有机液肥等技术形式使水肥一体化技术日趋丰富和完善，形成了适合中国国情的、有中国特色的水肥一体化技术体系。

　　但是，目前我国水肥一体化技术的推广应用还有许多不足，水肥一体化技术的经济效益和社会效益尚未得到足够重视。多数种植者对水肥一体化技术存在认识上的偏差，对国外技术过分依赖，从而无形之中增加了水肥一体化技术的应用成本和推广难度。与此同时，结合中国国情的灌溉与施肥结合的综合应用技术研究也严重不足。这就使得广大用户一方面在到处寻找先进的技术和理论模式，另一方面摆在眼前的技术又不知如何合理应用，阻碍生产的发展。

　　当前，我国水肥一体化农业中存在"重硬件（设备）、轻软件（管理）"的问题，特别是政府投资的示范项目，花很大代价购买先进设备，但建好后由于缺乏科学管理或权责利不明而不能发挥应有的示范作用。在技术推广中的灌溉技术与施肥技术脱离，懂灌溉的不懂农艺、不懂施肥，而懂施肥的又不懂灌溉设计和应用。灌溉制度和施肥方案的执行受人为因素影响巨大，大部分没有采用科学方法对土壤水分和养分含量、作物营养状况实施即时监测，多数情况下还是依据经验进行管理，特别是施肥方面存在很大的随意性，过量灌溉也导致肥料淋失，导致作物长势差、叶发黄等。如在有些示范园区，虽然安装了先进的施肥装备，如成套施肥机等，但因所选肥料与其不匹配，或因管理不善，没有很好地发挥过滤系统的作用，造成滴头堵塞最终使系统报废，也难以体现水肥一体化技术的应有价值。系统操作不规范，设备保养差，运行年限短问题突出。

水肥一体化技术涉及农田水利、灌溉工程、作物、土壤、肥料等多门学科，需要综合知识，应用性很强。如一些研究单位或灌溉公司的农业工程技术人员可以设计单纯的灌溉系统，但对施肥部分不熟悉，也就不能使灌溉施肥系统真正发挥其应有的作用。我国目前有这些基础知识的综合性人才奇缺，大部分农业大学尚未设置水肥一体化方面的专门课程，农业技术推广部门也缺乏专业推广队伍。在研究方面，人力、物力投入少，对农业技术推广人员和农民缺乏灌溉施肥的专门知识培训，同时也缺乏通俗易懂的教材、宣传资料等。

基于上述问题，集合各相关专业力量汇编了这本可以兼作知识农民和农技服务人员培训教材和技术手册的书籍。本书从生产实际出发，系统介绍了水肥一体化技术的设备组成、土壤水分与养分管理及肥料基础知识，详细介绍了水肥一体化系统的选择、设计、施工及作物应用等。本书内容全面，重点突出，可供广大种植户、农业技术推广人员、有关设备厂家和专业工程安装人员等参考。

本书在编写过程中引用了许多文献资料，在此谨向其作者表示感谢。有些参考文献未能一一列入书中，敬请见谅。本书中第二章的插图由编者薛忠提供，其余章节的插图由侯宪文提供。

由于编者水平有限，书中疏漏之处在所难免，恳请专家、同行和广大读者批评指正。

编　者

2022 年 8 月

目　录

第一章

水肥一体化技术

作物生产的目标是用较低的生产成本去获得更高的产量、更好的品质和更高的经济效益。从作物的生长要素来看，其基本生长要素包括光照、温度、空气、水分和养分。在自然生长条件下，前3个因素是难以人为调控的，而水分和养分因素则人为可控。因此，要发挥作物的最大生产潜力，合理调节水肥的平衡供应非常重要。在水肥的供给过程中，最有效的供应方式就是实现水肥的同步供给，充分发挥两者的相互作用，在给作物提供水分的同时最大限度地发挥肥料的作用，实现水肥的同步供应，即水肥一体化技术。

水分和养分（肥料）是作物生长最基础的条件，是人为调控频繁、影响最大的生长环境因子，也是制约我国农业可持续发展的主要因素。我国水资源短缺，且时空分布不均，污染及浪费严重，水源供需矛盾日益加剧。我国又是农业大国，农业用水比例高达62.4%，而农业灌溉水的利用系数仅为0.54，远低于发达国家的0.70~0.80，因此，实施高效节水农业对缓解我国水资源紧张具有重大意义（张艳艳 等，2021）。肥料在我国农业生产上对于维持地力、提高土壤肥力作用重大，但目前国内不合理施肥问题严重破坏了土壤肥力结构，造成土壤酸化板结，污染环境，而且肥料利用率极低。研究发现，我国氮、磷、钾的当季利用率分别为30%~35%、10%~20%、35%~50%，低于发达国家，且谷类作物当季平均肥料利用率比欧美国家低15%~30%。因此，研究作物需水需肥规律，实施高效合理灌溉施肥技术，对于实现我国农业可持续发展意义重大。

水肥一体化技术是将灌溉与农业融为一体的现代农业新技术，对于实现"一控、两减、三基本"的奋斗目标，水肥一体化技术是一种至关重要的技术手段（张婷，2022）。世界上缺水最严重的国家是以色列，全以色列95%的农作物实现了节水灌溉，且实施水肥一体化技术。从概念上来讲，水肥一体化是借助压力系统（或地形自然落差），根据土壤养分含量和作物种类的需肥规律和特点，将可溶性固体或液体肥料配成的肥液与灌溉水混合在一起，通过可控管道系统进行灌溉、施肥。全水溶性肥料完全溶解于水后，通过滴头、微灌、喷灌等形式对作物进行灌溉施肥，把营养成分均匀的肥料定时、定量、精准地输送到作物根系发育生长区域的土壤或基质，使主要根系周围始终保持适宜的含水量，让作物根系尽可能地处在一个"水、肥、气"三者有机结合的生长环境中。该项技术具有高产、优质、节水、节肥、省工、省电等诸多优点，非常适合应用于山区丘陵等水资源缺乏地区，在设施农业的作物种植系统中具有不可替代的作用。广义来讲，水肥一体化技术就是水肥同田，即水肥同时供应以满足作物生长发育的需要，根系在吸收水分的同时吸收养分。除通过灌溉管道施肥外，淋水肥、冲施肥等都属于水肥一体化的简单形式。

第一节　水肥一体化技术简介

水和肥作为参与农业生产的两项重要因素，直接影响土壤物理化学活动、微生物活动和作物体内生化活动。水是肥料在土壤中扩散的媒介，是植物体内传输的载体，因此，水分是肥料肥力发挥的重要媒介。水肥一体化技术是将灌溉和施肥两个过程融为一体的一项农业新技术。水肥一体化技术是现代种植业生产的一项综合水肥管理措施，具有显著的节水、节肥、省工、优质、高效、环保等优点。该词来源于英文合成词"Fertigation"，即将"Fertilization（施肥）"和"Irrigation（灌溉）"融为一体，意为灌溉和施肥相结合，是目前世界公认的一项高效控水节肥的农业新技术（图1-1至图1-3）。

图1-1　露天冬瓜和草莓采用膜下水带施肥技术

图1-2　蔬菜种植区通过滴灌系统施肥

水肥一体化技术将肥水以小流量均匀准确地补充给作物根系的土壤，使其附近的土壤经常保持适宜的水分和养分，从而使作物营养得到最大化的吸收。其主要作

图1-3 香蕉种植区通过微喷带施水肥

用机理是以水为载体使有效养分通过扩散和质流两个过程迁移到作物根系,增强可溶性营养物质的运输,并在适宜灌水量的条件下促进根系生长,增强根系吸收能力,加快根系对土壤中有效养分的吸收。水肥一体化技术能够减少扩散和质流的阻力,给作物创造稳定的根层环境,实现水肥互作效应,同时还可以有效地控制灌溉水的数量和频率,并根据土壤养分含量、作物的营养特性和需肥规律调控施肥模式,使其根系周边土壤始终保持最佳供需状态,提高水肥利用效率。这种定时定量供给作物水分和养分且维持土壤环境的技术具有节水节肥、增产增收、省工省时、提高水肥利用率、便于自动化管理、保护环境等优点,目前已被广泛应用在蔬菜、花卉、果树、设施栽培及经济价值高的作物上。

水肥一体化技术从狭义上讲,就是把肥料溶解在灌溉水中,由灌溉管道运送到田间每一株作物,以满足作物生长发育的需要,如通过喷灌和滴灌管道的施肥方式;从广义上讲,就是水肥同步供应以满足作物生长发育需要,使其根系能够同时吸收水分和养分。除通过灌溉管道施肥外,淋水肥、冲施肥等都属于水肥一体化的简单形式。

水肥一体化的原理与作物吸收养分的方式密切相关,作物通过根系和叶片吸收养分,且大量的营养元素是通过根系吸收的,叶面喷肥只能起补充作用。施入土壤的肥料要达到作物根系表面被根系吸收通常有3种方式:第一种是养分截获,即养分正好就在根系表面而被吸收;第二种是养分质流,植物在有阳光的情况下叶片气孔张开,进行蒸腾作用,致水分散失,根系必须源源不断地吸收水分以供叶片蒸腾,靠近根系的水分被吸收了,远处的水就会流向根表,溶解于水中的养分也跟着到达根表,从而被根系吸收;第三种是养分扩散,肥料溶解后进入土壤溶液,靠近根表的养分被吸收,浓度降低,远离根表的土壤溶液浓度相对较高,由此发生扩散，养分向低浓度的根表移动，最后被根系吸收。质流和扩散是最重要的养分迁移到根表的过程，且都离不开水做媒介。因此，肥料一定要溶解才能被吸收，不溶解的肥料是无效的，这就要求在实际生产过程中，灌溉和施肥须同时进行（或称为水肥一体化管理），以确保进入土壤的肥料被充分吸收，从而提高肥料的利用率。

水肥一体化的作用目标是作物根系，原理是借助压力系统或地形自然落差，将可溶性固体或液体肥料，按照土壤养分含量和作物需肥规律特点配对，将配好的肥料液与灌溉用水一起，通过可控管道系统供水、供肥。借助管道和滴头形成滴灌，定时、定量、均匀地浸润作物根系发育生长区域，使主要根系土壤始终保持疏松和适宜的含水量。同时，根据不同作物在不同生长时期的需水需肥规律、土壤环境和养分含量状况等因素进行特定水肥需求设计，从而实现定时定量、按比例地将水分和养分直接提供给作物。

第二节　水肥一体化技术的发展历史

水肥一体化技术是现代集约化灌溉农业的一个关键因素，它起源于无土栽培（也称营养液栽培）的发展。18世纪末，英国的乌特渥尔特（John Woodward）将植物种植在土壤的提取液中，这是第一个人工配制的水培营养液。19世纪中期，法国的布森高（Jean Baptiste Boussingault）利用惰性材料做植物生长介质并以含有已知化合物的水溶液供应养分，从而确定了9种植物必需营养元素，并阐明了植物最佳生长所需的矿质养分比例。后来，撒奇士（Von Sachs）提出了能使植物生长良好的第一个营养液的标准配方。在1925年以前，营养液只用于植物营养试验研究，并陆续确定了许多营养液配方（如霍格兰营养液配方）。

1925年温室工业开始利用营养液栽培取代传统的土壤栽培。"营养液栽培"（Hydroponics）这个词最初是指没有用任何固定根系基质的水培；之后，营养液栽培的含义扩大了，指不用天然土壤而用惰性介质如石砾、砂、泥炭、蛭石或锯木屑和含有植物必需营养元素的营养液来种植植物。现在一般把固体基质栽培类型称为无土栽培，无固体基质栽培类型称为营养液栽培。

第二次世界大战加速了无土栽培的发展，无土栽培蔬菜成为美军新鲜蔬菜的重要来源。第一个大型营养液栽培农场就建在南大西洋荒芜的阿森松岛上，这项采用粉碎火山岩做生长基质的技术后来也应用到其他太平洋岛屿，如冲绳岛和硫黄岛。第二次世界大战后美军在日本调布建起了一个22公顷的无土栽培生产基地。

20世纪50年代，无土栽培的商业化生产开始在荷兰、意大利、西班牙、法国、英国、德国、瑞典、苏联和以色列发展。之后，中东、阿拉伯半岛的沙漠地区、科威特和撒哈拉沙漠以及中美洲、南美洲、墨西哥和委内瑞拉海岸的阿鲁巴地区也开始推广无土栽培技术。在美国，无土栽培生产主要集中于伊利诺伊州、俄亥俄州、加利福尼亚州、亚利桑那州、印第安纳州、密苏里州和佛罗里达州。全美国有上百万家庭式无土栽培装置。在俄罗斯、法国、加拿大、南非、荷兰、日本、澳大利亚和德国等国家也可见到家庭无土栽培装置。

塑料容器和塑料管件的发展以及平衡的营养液配方促进了无土栽培的进一步发展，生产成本和管理费用都大大降低。20世纪50年代中期，美国进行灌溉施肥的规模很小，只在地面灌溉、漫灌和沟灌中应用。当时最常用的肥料有氨水和硝酸铵，由于灌溉水的利用率很低，使得肥料的氮利用率也很低。随着波涌灌的发展，地面灌溉的水分供应更加精确，紧接着又应用波涌阀注入肥料，这项技术极大地提高了地面灌溉的肥料利用率。荷兰从20世纪50年代初以来，温室数量大幅增加，通过灌溉系统施用的肥料量也大幅增加，水泵和用于实现养分精确供应的肥料混合罐也得到研制和开发。

自20世纪60年代初起，以色列开始普及水肥一体化灌溉施肥技术（黄语燕等，2021）。全国43万公顷耕地中大约有20万公顷应用加压灌溉系统。果树、花卉和温室作物都是采用水肥一体化灌溉施肥技术，而大田蔬菜和大田作物有些是全部利用水肥一体化灌溉施肥技术，有些只是某种程度上应用，这取决于土壤本身的肥力和基肥施用。滴灌湿润的土壤范围很小，根系要吸收充足的养分则需要水和养分的同步供应。在其他微灌系统中如喷灌和微喷灌系统，水肥一体化灌溉施肥技术对作物的作用效果也很好。随着喷灌系统由移动式转为固定式，水肥一体化灌溉施肥技术也被应用到喷灌系统中。20世纪80年代初，开始将水肥一体化灌溉施肥技术应用到自动推进机械灌溉系统。现在，以色列农业灌溉面积（除辅助灌溉外）有90%以上采用水肥一体化灌溉施肥技术。最初，由于使用肥料罐，灌溉施肥的养分分布不均匀；后来采用文丘里施肥器和水压驱动肥料注射器，养分分布较为均衡；引入全电脑控制的现代水肥一体化灌溉施肥技术设备，养分分布的均匀度得到显著提高。

滴灌是目前应用最广泛、最节水的灌溉技术。通过滴灌施肥的肥料利用率最高，最容易实现养分的精确调控。滴灌是怎么产生的？滴灌的构想产生于20世纪30年代初的以色列，当时恩格·申巴·布拉斯先生受邀去滨海地带的一个小农场参加傍晚茶会，他发现主人的众多葡萄柚中有一棵长得特别大，但是这棵树并没有明显的灌溉水源。经过进一步调查，他发现一条通往房子的很细的饮用水铁管在此处有一个小裂口，从这个裂口处有水滴滴出。流出的水可湿润范围仅为 25 厘米，而这棵树的树冠直径为 10 米。这么大一棵树竟能从容积如此小的土壤中获得所需水分，这个现象触发布拉斯先生产生了滴灌的想法。不幸的是，那时研究滴灌存在许多实际困难，以至于这个想法无法实现。但是 1959 年，塑料管的应用使这个想法的实现成为可能。经过 3 年的反复试验，最后终于成功了。与喷灌和沟灌相比，应用滴灌的番茄产量增加了 1 倍，黄瓜产量增加了 2 倍。

这项新灌溉技术的一个关键问题是养分的供应问题。其湿润的土壤容积只是耕作层的一小部分，特别是砂土条件下这个问题更为明显。因此若在土壤表面撒施肥料，大部分肥料仍留在土壤表面而不能被植物利用。在初始阶段，通过灌溉系统进行施肥有两种方法，一种方法是利用喷雾泵将肥料溶液注入灌溉系统；另一种方法是将灌溉系统的水引到装有水和固体肥料的容器内，然后又回到灌溉系统内。这两种施肥方法虽然简单但不精确，但是应用这两种施肥方法后产量可显著增加。

20 世纪 60 年代末，以色列由于出口花卉的需要，温室面积开始扩大。滴灌与施肥技术的结合极大地加速这个密集的、高投入的种植产业体系的发展。同时，生产蔬菜和大田作物的农户也开始应用水肥一体化灌溉施肥技术。

20 世纪 60 年代中期，随着滴灌的发展，应用肥料罐施肥是主要的施肥方法。一些温室应用两用途的喷雾泵来喷施农药和灌溉施肥，而果园则应用移动式喷雾器将肥料溶液直接注入灌溉系统。20 世纪 70 年代初，液体肥料的应用促进了水力驱动泵的发展。第一种开发的水力驱动泵为膜式泵，它将肥料溶液从一个敞开的容器中抽取后再注入灌溉系统，这种泵产生的压力是灌溉系统中压力的 2 倍。第二种水力驱动泵为活塞泵，依靠活塞来进行肥料溶液的吸取和注入。这些肥料泵的应用实现了水和肥料同步供应。同样在 20 世纪 70 年代初，开始应用低流量的文丘里施肥器，主要应用于苗圃和盆栽温室。它的应用解决了早期肥料泵的一个主要缺点，即在低流量时的不精确性。在有电的地方，主要在温室内，电驱动的肥料泵可以对肥料溶液进行精确供应。20 世纪 90 年代初，用于精确施用低、中流量肥料溶液的新型肥料泵得到发展。

在肥料施用量的控制方面，随着施肥设备的不断更新，对肥料用量的控制也越来越精确。最初需要手工来调节肥料罐的进流量和出流量，后来应用机械化设备来自动控制水和肥料的同步供应。现在已有非常复杂的控制设备，如计算机与监控肥料混合罐的酸度计、电导率仪及灌溉控制器相连接，实现对肥料用量更为精确的控制，如在温室中施肥机的应用等。

除施肥设备上不断地更新和完善外，用于灌溉施肥的专用肥料也得到大力发展。在众多的肥料类型中，液体肥料最适合用于灌溉施肥。在以色列，液体肥料占总肥料的80%以上，美国液体肥料占总肥料的38%以上，目前仍在继续增长。

在一些水肥一体化灌溉施肥技术发达的国家（如以色列、美国、澳大利亚、西班牙、荷兰等），已形成了完善的设备生产、肥料配制、推广和服务的技术体系。这些国家的设备和技术除满足于国内市场外，现正大力寻求海外市场。

我国水肥一体化技术的发展相比发达国家要晚近20年，普遍认为是从1974年开始的。当年我国引进了墨西哥的滴灌设备，试验点仅有3个，面积约5.3公顷，试验取得了显著的增产和节水效果。1980年我国第一代成套滴灌设备研制生产成功。1981年后，在引进国外先进生产工艺的基础上，我国灌溉设备的规模化生产基础逐步形成，在应用上由试验、示范到大面积推广，取得显著的节水和增产效益。在进行节水灌溉试验的同时，开始开展水肥一体化灌溉施肥的试验研究。

从20世纪90年代中期开始，灌溉施肥的理论及应用技术日趋被重视，技术研讨和技术培训大量开展。2000年开始至今，全国农业技术推广服务中心节水处每年在我国不同地区举办灌溉施肥技术培训班，由国内外专家系统地介绍灌溉施肥的理论和技术，灌溉施肥的面积逐步扩大。特别是温室及大棚蔬菜的生产，推动了水肥一体化技术的不断完善和发展。一些研究单位和企业结合，研究开发出适合当地条件的施肥设备和灌溉技术，如压差施肥罐、文丘里施肥器、移动式灌溉施肥机、施肥综合控制系统、重力自压施肥系统、泵吸施肥法、泵注施肥法、膜下滴灌施肥技术等。

当前水肥一体化灌溉施肥技术已经由过去局部试验示范发展为大面积推广应用，辐射范围由华北地区扩大到西北干旱区、东北寒温带和华南亚热带地区，覆盖了设施栽培、无土栽培、露地栽培，以及蔬菜、花卉、苗木、大田作物等多种栽培模式和作物（陈芳，2022）。在经济发达地区，水肥一体化技术的水平日益提高，涌现了一批设备配置精良、并实现了专家系统智能自动控制的大型示范工程。部分地区因地制宜实施的山区重力自压滴灌施肥、瓜类栽培吊瓶滴灌施肥、华南地区利用灌溉系统施用有机液肥等技术形式使水肥一体化技术日趋丰富和完善，形成了适合中国国情的、有中国特色的水肥一体化技术体系。特别是新疆地区的膜下滴灌施肥技术处于世界领先水平，除在棉花上大面积应用外，目前已推广到加工番茄、色素菊、辣椒、玉米、蔬菜、瓜类、花卉、果树、烤烟等作物，推广面积达几千万亩（1亩≈666.67平方米，1公顷=15亩，全书同）。

水肥一体化技术应用与理论研究逐渐深入，由过去侧重土壤水分状况、节水和增产效益试验研究,逐渐发展到灌溉施肥条件下的水肥耦合效应、作物生理及产量与品质的影响、养分在土壤中运移规律等方面的研究;由单纯注重灌溉技术、灌溉制度转变到灌溉与施肥的综合运筹。我国灌溉施肥总体水平,已从20世纪80年代初级阶段发展提高到中级阶段。其中,部分微灌设备产品性能、大型现代温室装备和自动化控制已基本达到国际先进水平。微灌工程的设计理论及方法已接近世界先进行列;微灌设备产品和微灌工程技术规范,特别是条款的逻辑性、严谨性和可操作性等方面,已跃居世界领先水平。但是,从整体上分析,我国水肥一体化灌溉施肥技术系统的管理水平相对较低;应用灌溉施肥技术面积所占比例小,水肥结合理论与应用研究成果较少,深度不够;灌溉施肥用的专用肥料的研究和开发刚刚起步,某些微灌设备产品特别是首部配套设备的质量与国外同类先进产品相比仍存在较大差距。

第三节 水肥一体化技术的优势、问题及发展前景

一、水肥一体化技术的优点

水肥一体化技术与常规的灌溉施肥方法相比,具有以下优点。

1. 节省施肥劳力

在果树的生产中,水肥管理耗费大量的人工。如在华南地区的香蕉生产中有些产地的年施肥次数达18次之多。每次施肥要挖穴或开浅沟,施肥后要灌水,需要耗费大量劳动力。而在水肥一体化技术条件下可实现水肥的同步管理,节省大量用于灌溉和施肥的劳动力。南方地区很多果园、茶园及经济作物位于丘陵山地,施肥灌溉非常困难,采用滴灌施肥可以大幅度减轻劳动强度。调查发现,荔枝采用滴灌施肥后,可节省用于灌溉和施肥的人工95%以上。现在劳动力价格越来越高,应用水肥一体化技术可以显著节省生产成本。

2. 提高肥料的利用率

在水肥一体化技术条件下,溶解后的肥料被直接输送到作物根系最集中部位,充分保证了根系对养分的快速吸收。对微灌而言,由于湿润范围仅限于根系集中的区域及水肥溶液最大限度地均匀分布,使得肥料利用效率大大提高;同时,由于微灌的流量小,相应地延长了作物吸收养分的时间(马宏秀 等,2021)。在滴灌下,含养分的水滴缓慢渗入土壤,延长了作物对水肥的吸收时间;而当根区土壤水分饱

和后可立即停止灌水，从而大大减少由于过量灌溉导致养分向深层土壤的渗漏损失，特别是硝态氮和尿素的淋失。但在传统耕作中施肥和灌溉是分开进行的，肥料施入土壤后，由于没有及时灌水或灌水量不足，肥料存在于土壤中，并没有被根系充分吸收；而在灌溉时虽然土壤可以达到水分饱和，但灌溉的时间很短，因此根系吸收养分的时间也短。研究结果表明，在田间滴灌施肥系统下，番茄对氮的利用率可达到90%，磷可达到70%，钾达到95%。肥料利用率提高意味着施肥量减少，从而节省了肥料（王实娟，2021；王远 等，2021；郭汉清 等，2022）。

3. 可灵活、方便、准确地控制施肥数量和时间

可根据作物养分需求规律有针对性施肥，做到缺什么补什么，实现精确施肥。例如果树在抽梢期，主要需要氮；在幼果期，需要氮磷钾等多种养分；在果实发育后期，钾的需求增加。可以根据作物的养分特点，研制各个时期的配方，为作物提供完全营养。根据灌溉的时间和灌水器的流量，可以准确计算每株树或单位面积所用的肥料数量。有些作物在需肥高峰时正是封行的时候（如甘蔗、马铃薯、菠萝等），传统的施肥无法进行。如果采用滴灌施肥则不受限制，可以随时施肥，真正按作物的营养规律施肥。覆膜栽培可以有效地提高地温、抑制杂草生长、防止土壤表层盐分累积、减少病害发生。但覆膜后通常无法灌溉和施肥，如采用膜下滴灌，这个问题就可迎刃而解。

4. 施肥及时、养分吸收快速

对于集约化管理的农场或果园，可以在很短时间内完成施肥任务，作物生长速率均匀一致，有利于合理安排田间作业。对荔枝滴灌施肥时间调查表明，52公顷荔枝采用滴灌施肥1人24小时可完成1次施肥，而以往人工操作情况下需32人1周才能完成。及时快速地灌溉和施肥对果树的生长有现实意义。抽梢整齐，方便统一喷药而控制病虫害；果实成熟一致，方便集中采收（张承林 等，2012）。

5. 有利于应用微量元素

金属微量元素通常应用螯合态，价格较贵，而通过微灌系统可以做到精确供应，提高肥料利用率，降低施用成本。

6. 改善土壤状况

微灌灌水均匀度可达90%以上，克服了畦灌和淋灌可能造成的土壤板结。微灌可以保持土壤良好的水气状况，基本不破坏原有土壤的结构。由于土壤蒸发量小，保持土壤湿度的时间长，土壤微生物生长旺盛，有利于土壤养分转化。

7. 采用微灌施肥方法可使作物在边际土壤条件下正常生长

如沙地或沙丘，因持水能力很差，水分几乎没有横向扩散，传统的浇水容易深

层渗漏，水肥管理是个大问题，大大影响作物的正常生长。采用水肥一体化技术后，可保证作物在这些条件下正常生长。国外已有利用先进的滴灌技术配套微灌施肥开发沙漠，进行商品化作物栽培的成功经验。如以色列在南部沙漠地带广泛应用微灌施肥技术生产甜椒、番茄、花卉等，成为冬季欧洲著名的"菜篮子"和鲜花供应基地。我国有大量的滨海盐土和盐碱土，采用膜下滴灌施肥，可以使这些问题土壤也能生长作物。

8. 应用微灌施肥可以提高作物抵御风险的能力

近几年来，华南许多地区秋冬或秋冬春连续干旱，持续时间长。在应用水肥一体化技术的地块可保证丰产稳产，而人工灌溉地块则成苗率低、产量低。水肥一体化技术条件下的作物由于长势好，相对提高了作物的抗逆境能力。

水肥一体化技术的采用有利于实现标准化栽培，是现代农业中的一个重要技术措施。在一些地区的作物标准化栽培手册中，已将水肥一体化技术作为标准技术措施推广。

9. 采用水肥一体化技术，有利于保护环境

我国目前单位面积的施肥量居世界前列，肥料的利用率较低。由于不合理的施肥，造成肥料的极大浪费，致使大量肥料没有被作物吸收利用而进入环境，特别是进入水体，从而造成江河湖泊的富营养化。在水肥一体化技术条件下，通过控制灌溉深度，可避免将化肥淋洗至深层土壤，从而大大减少由于不合理施肥、过量施肥等对土壤和地下水造成污染，尤其是硝态氮的淋溶损失可以大幅度减少。

在水肥一体化技术中可充分发挥水肥的相互作用，实现水肥效益的最大化，相对地减少了水的用量。由于水肥协调平衡，作物的生长潜力得到充分发挥，表现为高产、优质，进而实现高效益。

二、水肥一体化技术的局限性

1. 投资大

尽管水肥一体化技术已日趋成熟，有上述诸多优点，但因其属于设施施肥，需要购买必需的设备，其最大局限性在于一次性投资较大。根据近几年的灌溉设备和施肥设备市场价格估计，大田采用灌溉施肥一般每亩设备投资在400~1 500元，而温室灌溉施肥的投资比大田高。投资大小与众多因素有关。

2. 管路容易堵塞

水肥一体化技术对管理有一定要求，管理不善，容易导致滴头堵塞。如磷酸盐类化肥，在适宜的pH条件下易在管内产生沉淀，使系统出现堵塞。而在南方一些井水灌溉的地方，水中的铁质引致的滴头铁细菌堵塞常会使系统报废。

3. 肥料选择难

用于灌溉系统的肥料对溶解度有较高要求。对不同类型的肥料应有选择性施用。肥料选择不当，很容易出现堵塞，降低设备的使用效率。没有配套肥料，上述部分优点不能充分发挥（梁嘉敏 等，2021）。

4. 施肥观念难改变

采用水肥一体化技术后，施肥量、肥料种类、施肥方法、肥料在生长期的分配都与传统施肥存在很大差别，要求用户要及时转变观念。而生产中很多用户安装了先进灌溉设备，但还是按传统的施肥方法，往往会导致负面效果。

5. 容易限制作物根系生长

在水肥一体化条件下，施肥通常只湿润部分土壤，根系的生长可能只局限在灌水器的湿润区，有可能造成作物的限根效应，造成株型较大的植株矮小。在干旱、半干旱地区只依赖滴灌供水的区域可能会出现这种情况，但华南地区降水较丰富，设施灌溉并不是水分的唯一来源，在此情况下基本不存在限根效应。

6. 容易造成盐渍化

长期应用微灌施肥，特别是滴灌施肥，容易造成湿润区边缘的盐分累积。但在降雨充沛的地区，雨水可以淋洗盐分。如在我国南方地区田间应用灌溉施肥，则不存在土壤盐分累积的问题。而在大棚中多年应用滴灌施肥，盐分累积问题比较突出。

7. 有可能污染灌溉水源

施肥设备与供水管道连通后，在正常的情况下，肥液被灌溉水带到田间。但若发生特殊情况如事故、停电等，有时系统内会产生回流现象，这时肥液可能被带到水源处。另外，当饮用水与灌溉水用同一主管网时，如无适当措施，肥液也可能进入饮用水管道，这些都会造成对水源水的污染。但在设计和应用时采取一定的安全措施，如安装逆止阀、真空破坏阀等，就可避免污染的发生。

三、我国水肥一体化技术研究和推广应用中存在的问题

1. 技术研究与应用起步晚

我国设施灌溉技术的推广应用还处于起步阶段，设施灌溉面积不足总灌溉面积的3%，与经济发达国家相比存在巨大差异，在设施灌溉的有限面积中，大部分没有考虑通过灌溉系统施肥。即使在最适宜用灌溉施肥技术的设施栽培中，灌溉施肥面积也仅占20%左右。水肥一体化技术的经济和社会效益尚未得到足够重视。

另外，多数种植者对水肥一体化灌溉施肥技术存在认识上的偏差。目前，多数种植者或管理人员对滴灌等灌溉形式的认识还停留在原有基础上，如由于设计不合理、管理不善等引起的滴头堵塞等问题，进而对水肥一体化技术本身加以否定；再有就是在他们的潜意识中，滴灌是将灌溉水一滴一滴地滴下去，灌水量太少，根本满足不了作物生长的需要；对国外技术的过分依赖，认为只有使用国外的产品、让国外的技术人员来进行规划、设计、安装才是可行的，从而无形之中增加了水肥一体化技术的应用成本和推广难度。

2. 灌溉技术与施肥技术脱离

由于管理体制所造成的水利与农业部门的分割，使技术推广中灌溉技术与施肥技术脱离，缺乏行业间的协作和交流（梁飞，2021）。懂灌溉的不懂农艺、不懂施肥，而懂得施肥的又不懂灌溉设计和应用。目前，灌溉施肥面积仅占微灌总面积的30%，远远落后于先进国家（以色列90%、美国65%）。我国微灌工程首部系统有相当部分都设计有施肥配置，但大部分闲置不用。调查表明，主要是设计者不懂得如何施肥（如施肥量和肥料浓度的确定），又害怕承担责任（万一肥料浓度过高将作物烧死要赔偿），导致多数用户仍然沿用传统的人工施肥方法，灌溉系统效益没有得到充分发挥。即便是有些示范园区，虽然安装了先进的施肥装备，如成套施肥机等，但因所选择肥料与之并不匹配，也难以体现水肥一体化技术的应有价值。与此同时，我国灌溉与施肥结合的综合应用技术的研究也严重不足。这就使得广大用户一方面在到处寻找先进的技术和理论模式，另一方面摆在眼前的技术又不知如何合理应用，阻碍生产的发展。

3. 灌溉施肥工程管理水平低

我国节水农业中存在"重硬件（设备）、轻软件（管理）"的问题。特别是政府投资的节水示范项目，花很大代价购买先进设备，但建好后由于缺乏科学管理或权责利不明而不能发挥应有的示范作用。灌溉制度和施肥方案的执行受人为因素影响巨大，除了装备先进的大型温室和科技示范园外，大部分的灌溉施肥工程并没有采用科学方法对土壤水分和养分含量、作物营养状况实施即时监测，多数情况下还是依据人为经验进行管理，特别是施肥方面存在很大的随意性。系统操作不规范，设备保养差，运行年限短。

4. 水肥一体化设备生产技术装备落后，针对性设备和产品的研究和开发不足

我国微灌设备目前依然存在产品品种及规格少、材质差、加工粗糙、品位低等问题。其主要原因是设备研究与生产企业联系不紧密，企业生产规模小、专业化程度低。特别是施肥及配套设备产品品种规格少，形式比较单一，技术含量低；大型过滤器、大容积施肥罐、精密施肥设备等开发不足。

5. 灌溉施肥研究和技术培训不足

目前，在中国大部分农业大学尚未设置水肥一体化方面的专门课程，农业技术推广部门也缺乏专业推广队伍。在研究方面人力物力投入少，对农业技术推广人员和农民缺乏灌溉施肥专门知识培训，同时也缺乏通俗易懂的教材、宣传资料等。

6. 缺乏综合型专门技术人才

灌溉施肥技术涉及农田水利、灌溉工程、作物、土壤、肥料等多门学科，需要综合知识，应用性很强。但我国目前有这些基础知识的综合性人才奇缺，现有的农业从业人员（包括管理人员、农技人员及农民）的专业背景又存在较大差异，即使有部分人士意识到水肥一体化技术的重要性，但到哪里去寻找技术援助仍是一大问题。如一些研究单位或灌溉公司的农业工程技术人员可以设计单纯的灌溉系统，但对施肥部分不熟悉，也就不能使灌溉施肥系统真正发挥其应有的作用。

7. 由于技术问题的疏漏所导致的负效应影响了普及推广

灌溉施肥技术相对较复杂，在某些示范项目实施中，由于系统设计、设备选用、过滤，以及肥料施用等问题，造成灌溉施肥系统效益低甚至失败，给推广带来阻力。如有的设计不合理，大量消耗电力；有的管理不善，没有很好地发挥过滤系统的作用，造成滴头堵塞最终使系统报废。过量灌溉导致肥料淋失，作物长势差、叶发黄。

8. 缺少专业公司的参与

虽然在设备生产上我国已达到先进水平，国产设备可以满足市场需要，但技术服务公司非常少，而在水肥一体化技术普的国家，则有许多公司提供灌溉施肥技术服务。水肥一体化技术是一项综合管理技术，它不仅需要有专业公司负责规划、设计、安装，还需要有相关的技术培训、专用肥料的供应、农化服务等。如在实践过程中，有用户在施用氯化钾的同时施用硫酸镁，结果很快形成微溶于水的硫酸钾，久而久之便造成过滤器、滴头的堵塞，影响系统的正常工作。同时，我国的灌溉设备企业主要集中在长江以北，而华南地区在农业方面比较专业的灌溉设备公司则很少，因此，辖区内灌溉施肥设备的选择要么主要从北方购买，要么依赖进口，这无形之中增加了高额的运输费用，进而增加系统的投资成本。

9. 灌溉施肥技术的成本较高

农业生产本身也是一项经济活动。即使一项技术再好，如果用户不能产生经济效益也无法推广。我国绝大部分的农用水不收费或收费很低，因此，从节水角度鼓励农民使用节水灌溉收效不大，绝大部分是从节肥省工高效方面来考虑。但较高的成本使他们犹豫再三，不敢尝试；而农产品价格偏低，这是目前技术推广的最大障碍。水肥一体化灌溉施肥技术是一项综合管理技术措施，涉及多项成本构成，具体如下。

1）设备成本。包括设备来源（国产或进口）、系统寿命的长短、自动化程度的高低、材料的等级及规格等。以滴灌管为例，有些可以用 15 年以上，有些只能一年半载；同样的材料有些管壁厚，有些管壁薄；对内置滴灌管而言，滴头间距越小，成本越高。很显然，寿命长、管壁厚、滴头间距小的滴灌管价格就要高。

2）水源工程。在水肥一体化系统的规划设计中，只要是符合农田灌溉水质标准的水都可以作为灌溉水源，如河水、井水、水库水、池塘水、湖水、降水等。很显然，水源工程越复杂，花费越多。一些地方需要打深井，一些要建引水渠、修蓄水池、拉电源等，所涉及的成本差异大。

3）作物种类。包括种植作物的种类、行间距、年龄等。如大面积茶园应用滴灌技术的成本要高于苹果，因为茶的行距远小于苹果，需要更多的滴灌管。蔬菜通常比果树成本高。

4）地形及土壤条件。如土壤质地、地形坡度等。很显然在复杂的地形条件下可能需要消耗更多的材料且增加安装成本。与平坦地带相比，当高差很大时要用压力补偿式滴灌管，增加成本。土壤质地与滴头间距有关，砂土间距小，滴头多，相应成本增加。

5）地理位置。交通不便的地方材料购置与运输困难，通常会大幅度增加系统成本。

6）系统规划设计。一般来说，合理的设计可节省材料，系统的安装和运行成本相对较低；而不合理的设计通常导致材料的浪费，系统运行成本也会相应增加。

7）系统所覆盖的种植区域面积。一般来说，无论种植区面积大小，都必须至少有一套灌溉施肥首部系统。面积越大，首部系统分摊到单位面积的成本就越少。

8）肥料。在系统运行过程中，肥料的选择有多种，有普通肥或专用肥、进口肥或国产肥之分。一般而言，用普通肥料自行配肥是便宜的，但配肥需要有专业知识。

9）施肥设备和施肥质量要求。在施肥设备中，既有简易、低成本施肥装置，也有复杂的、价格相对昂贵的施肥机等。在施肥方式上，有按比例施肥和按数量施肥两种。总体而言，按比例施肥用的设备要比按数量施肥用的设备昂贵。

10）设备公司的利润。

11）销售公司的利润。包括灌溉材料、施肥设备、肥料等的利润。

12）安装公司的利润等。

因上述每项都是一个变数，要确定某一灌溉施肥系统的详细成本需视具体情况而定。正如建房子，相同面积的房子价格可以相差几十倍或上百倍，但房子居住的基本功能却是相似的。随着我国水肥一体化技术的发展，市场会越来越成熟，灌溉施肥的模式也会越来越多，成本也将越来越低。在目前情况下，水肥一体化技术可以优先用在经济效益较好的作物上（如花卉、果树、蔬菜、药材、烟草、棉花、茶叶及其他特产经济作物等）（于淑慧 等，2020；窦青青 等，2021；张瀚 等，2021；李汉棠 等，2021；邢惠芳 等，2022）。

四、水肥一体化技术的应用前景

水肥一体化技术是现代农业生产中最重要的一项综合管理技术措施，具有显著的节水、节肥、节能、省工、高效、环保等诸多特点和优点，在世界范围内得到快速推广应用。欧洲很多地区并不缺水，但仍采用水肥一体化技术，考虑的是该技术的其他优点，特别是对环境的保护。

我国作为世界最大的发展中国家，拥有占世界约20%的人口，人口众多但资源有限，社会生产发展受到包括气候条件、水、肥、劳动力、土地等资源短缺的制约。

我国的可耕种土地面积非常有限，其中绝大部分土地是比较贫瘠的，这就意味着有相当大一部分的土地需要水分和养分的补充。在可耕种土地当中，灌溉耕地面积约占43%，57%是靠自然降水。但是雨水的季节性分布不均，大部分降雨发生在夏季和秋季；旱灾发生频率很高，几乎覆盖了全国的各个农业生态区，特别是在我国北方和南方的部分地区，干旱缺水的情况比较严重，如被认为雨水充足的广东、海南，虽然年均降水量在1 800毫米以上，但连年的秋冬连旱或秋冬春连旱已成为农业生产发展的最主要限制因素之一。

我国又是化肥消耗大国，单位面积施肥量居世界前列，养分利用率不高。从全国的情况看，一是不同地区的施肥水平不均衡，西部和北部地区施肥水平相对较低，而南方地区和蔬菜生产中则施肥过量；二是养分的分布不均衡，有些地方过多地使用氮肥，导致氮、磷、钾比例失调，而有些地方虽注意了氮、磷、钾肥的平衡施用，但大量元素肥料和中微量元素肥料之间的比例失衡，严重影响作物产量和产品质量的提高；三是施肥技术比较落后，大多数地区依然使用传统的施肥方式，如肥料撒施或大水冲施，这种施肥方式导致肥料利用率低下，不仅浪费大量的肥料资源，也引起大量的能源损失。肥料资源的浪费则意味着对水体、土壤或大气的污染，是对环境的破坏。因此，在农业生产中，如何提高水肥利用率，不仅体现在节约水肥资源、降低农业生产能耗，还体现在如何减少对环境的破坏与污染，保护我们的生存环境。

随着我国经济的发展，劳动力短缺现象愈加明显，劳动力价格也越来越高，这在无形中增加了生产成本。据调查，在现有的农业生产中，真正在生产一线从事劳动的主要是40岁上下的妇女，而青壮年所占的比例很小，劳动力群体结构明显不合理、年龄断层严重。可以预见，在未来的若干年以后，一旦现有的这部分从业人员不再劳作，很难有人来替代她们的工作，劳动力矛盾将更加突出；再有，现在的劳动力薪酬已是5年前的2倍甚至更高，按这种发展速度，有朝一日，这一成本将使不断增长的生产成本不堪重负。因此，在我国传统的"精耕细作"农业逐步向"集约化农业"转型的今天，如何实现高效低成本的生产将是每个经营者都必须考虑的问题。

上述诸多因素的分析，让我们看到我国发展水肥一体化技术的重大意义和美好前景，它的合理应用将有利于从根本上改变传统的农业用水方式，大幅度提高水资源利用率；有利于从根本上改变农业的生产方式，提高农业综合生产能力；有利于从根本上改变传统农业结构，大力促进生态环境保护和建设，最终实现农产品竞争力增强、农业增效和农民增收的目的。

第二章

水肥一体化技术的设备载体

水肥一体化灌溉施肥技术是借助于灌溉系统实现的。要合理地控制施肥的数量和浓度，必须选择合适的灌溉设备和施肥器械。常用的设施灌溉有喷灌、微喷灌和滴灌，微喷灌和滴灌简称微灌。

第一节　喷灌系统简介

喷灌是利用水泵加压或自然落差将灌溉水通过压力管道输送到田间，经喷头喷射到空中，形成细小的水滴，均匀地喷洒在土壤上，为作物正常生长提供水分的一种灌溉方法。与传统的地面灌溉相比，喷灌具有显著的节水、节肥、省工、节地、增产、高效等特点和优点，同时还可以调节田间小气候，防止干热风和霜冻对作物的伤害。

我国的喷灌技术水平已基本成熟，喷灌设备生产初具规模，但是与世界发达国家相比仍然存在较大差距。随着 20 世纪 90 年代中期全球性缺水呼声的日益高涨和我国水资源环境的恶化，国家将发展节水灌溉作为一项基本国策，投入了大量推广与科研资金，并将喷灌作为节水农业的一部分列入国家发展规划，为喷灌的稳步发展奠定了基础。随着科学技术的突飞猛进和灌溉施肥设备的日新月异，喷灌技术发展到现在已不再是原来意义上的节水灌溉技术，而是一项集灌溉、施肥和自动化管理于一体的现代化农业生产技术体系，喷灌技术的应用必须与设施施肥、自动化管理和合理的田间管理技术相结合，才能很好地发挥喷灌技术的优势。

一、喷灌系统的组成和分类

（一）喷灌系统的组成

喷灌系统一般由水源工程、首部系统、输配水管道系统和喷头组成。

1. 水源工程

喷灌系统必须有足够的水源保障，可以作为喷灌用的水源有河流水、湖泊水、水库水、池塘水、泉水、井水或渠道水等。在喷灌系统中水源工程的作用是通过它实现对水源的蓄积、沉淀及过滤。喷灌系统的建设投资较高，设计保证率一般要求不低于85%。在来水量足够大、水质符合喷灌要求的地区，可以不修建水源工程。对于轻小型喷灌机组，应设置满足其流动作业要求的田间水源工程。

2. 首部系统

为了管理和操作方便，喷灌系统中常将控制设备、加压设备、计量设备、安全保护设备和施肥设备等集中安装在整个喷灌系统的开始部分，故称为首部系统，而把除首部系统以外的其他位于田间的所有装置如输水管道、控制阀、支管、竖管、喷头等称为田间系统。喷灌系统的首部系统包括：加压设备（水泵、动力机）、计量设备（流量计、压力表）、控制设备（闸阀、球阀、给水栓）、安全保护设备（过滤器、安全阀、逆止阀）、施肥设备（施肥罐、施肥器）等设备。

在没有足够自然水压的地区，喷灌系统的工作压力需要由加压设备——水泵提供，与水泵配套的动力机有多种形式，在有供电的情况下应尽量采用电动机；无电地区只能采用柴油机、汽油机或拖拉机；对于轻小型喷灌机组，为使移动方便，通常采用喷灌专用自吸泵；对于大型喷灌工程，则通常采用分级加压的方式来降低系统工作压力，减少运行费用；如果喷灌系统实际工作流量变化较大时，应对水泵的运行状态进行调节，最常用的方法有变频调速、增减水泵开启台数和配备压力罐进行水泵工作时间调节。

计量设备（流量计、水表、压力表）是为保证系统正常运行而对系统的工作状态进行监测的装置，如通过过滤器两侧压力表差值可以及时判断过滤器的堵塞情况和管道系统有无破裂漏水，而安全保护设备（过滤器、安全阀、逆止阀）则对喷灌系统起安全保护作用。过滤器可防止水中杂物进入管道系统而堵塞喷头，安全阀则一般安装在系统最高处或局部最高处，在系统启动及停止时及时排气与补气，逆止阀主要防止灌溉水的倒流，对防止水锤，保护水泵有重要作用。

控制设备除控制系统水流流向，按喷灌要求向系统内各部分分配输送水流外，还为以后系统维修提供方便。在我国北方，为了保证喷灌系统安全越冬，应在灌溉季节结束后排空管道中的水，故需设泄水阀。

施肥设备是通过喷灌系统对作物进行施肥的装置，具体详见后面章节。

3. 输配水管道系统

管道系统的作用是将经过水泵加压或自然有压的灌溉水流输送到田间喷头上去，因此要采用压力管道进行输配水。喷灌管道系统常分为干管和支管两级，大型喷灌工程也有分干管和二级以上支管。干管起输配水的作用，将水流输送到田间支管中去。支管是工作管道，根据设计要求在支管上按一定间隔安装竖管，竖管上安装喷头，压力水通过干管、支管、竖管，经喷头喷洒到田面上。管道系统的连接和控制需要一定数量的管道连接配件（直通、弯头、三通等）和控制配件（给水栓、闸阀、电磁阀、球阀、进排气阀等）。根据铺设状况可将管道分为地埋管道和地面移动管道，地埋管道埋于地下，地面移动管道则按灌水要求沿地面铺设。喷灌机组的工作管道一般和行走部分结合为一个整体。

4. 喷头

喷头是喷灌系统的重要部件，其作用是将管道内的有压水流喷射到空中，分散成众多细小水滴，均匀地撒布到田间。为适应不同地形、不同作物种类，喷头有高压喷头、中压喷头、低压喷头和微压喷头，有固定式、旋转式和孔管式喷头，喷洒方式有全圆喷洒和扇形喷洒，也有行走式喷洒和定点喷洒。

（二）喷灌系统分类

对于不同地形、不同作物类型以及不同的资金、人力投入和管理水平，喷灌系统也要根据具体条件选择不同的形式，以使所选用的喷灌系统以较少的投资获取较高的经济效益。喷灌系统的形式很多，按分类依据的不同有不同的分类方法。如按喷灌系统获得压力的方式分类，分为机压喷灌系统和自压喷灌系统以及原则上属于机压喷灌系统但又具有自压喷灌特点的扬水自压喷灌系统。如按系统构成的特点、运行方式分类，又可分为管道式喷灌系统和机组式喷灌系统。如按喷灌系统的主要部分在灌溉季节可移动的程度分类，可分为固定式喷灌系统、移动式喷灌系统和半固定式喷灌系统。下面分别就固定管道式、移动管道式和半固定式喷灌系统及机组式喷灌系统进行简要介绍。

1. 固定管道式喷灌系统

固定管道式喷灌系统的全部设备，包括首部系统、输配水管道系统、喷头等在整个灌溉季节甚至常年都是固定不动的，为方便田间作业和延长管道使用寿命，除竖管及喷头外其他所有管道及田间设备全部埋于地下，水泵、动力机及其他首部枢纽设备安装在泵房或控制室内。固定管道式喷灌系统具有操作使用方便、生产效率高、运行费用低、占地少、易实现自动化等优点，但全套设备只能固定在一块地上使用，所以设备利用率低，单位面积投资大。适合于经济发展水平高、劳力紧张，以种植经济价值高、灌水频繁的蔬菜、茶、果等经济作物的地区，也适合于面积较大或种植单一的草坪、园林、草原、农场。固定管道式喷灌系统常采用分组轮灌的方式来减小设计流量，降低单位面积投资（图2-1）。

图 2-1 小麦田固定管道式喷灌系统

2. 移动管道式喷灌系统

在经济不太发达、劳动力较多且灌水次数较少的地区，采用移动管道式喷灌系统，可显著节省系统设备投资和提高设备的利用率。这种喷灌系统除水源工程固定不动外，其他所有设备（包括水泵、动力机、干管、支管和喷头等）在整个喷灌过程中都可以移动，进行轮灌。这样就可以在不同地块轮流使用，设备利用率高，节省了单位面积的投资费用，但是作业时移动管道不方便，而且经常性地移动、拆卸容易引起系统连接点的损坏，增加养护成本；另外，在喷灌后的泥泞地上移动，工作条件差，也比较费工（图2-2）。

图 2-2　移动管道式喷灌系统

3. 半固定式喷灌系统

半固定式喷灌系统是在灌溉季节将动力机、水泵和干管固定不动，而支管、喷头可移动的喷灌系统（图2-3）。针对固定式和移动式喷灌系统的优缺点，半固定式喷灌系统则采取支管和喷头移动使用的形式，大大提高了支管的利用率，减少支管用量，使单位面积投资低于固定管道式喷灌系统。这种形式在我国北方小麦产区具有很大的发展潜力。为便于移动支管，管材应选择轻型管材，如薄壁铝管、薄壁镀锌钢管，并且配有各类快速接头和轻便的连接件、给水栓。

图 2-3　半固定式喷灌系统

4. 机组式喷灌系统

机组式喷灌系统也称喷灌机组，它是自成体系，能独立在田间移动喷灌的机械。喷灌机除水源工程以外的其他设备都是在工厂完成，具有集成度高、配套完整、机动性好、设备利用率和生产效率高等优点。喷灌机必须与水源以及必要的供水设施相配套才能正常工作，而且为了充分发挥喷灌机作业效率，对田间道路等工程也有要求，故采用机组式喷灌系统时除应选好喷灌机的机型外，还应按喷灌机的使用要求做好配套工程的规划、设计和施工。

小型可移动整体式喷灌机指 10 千瓦以下柴油机或电动机配套的喷灌机组，由安装在手推车或小型拖拉机上的水泵、动力机、竖管和喷头组成，有手抬式和手推式两种（图 2-4）。小型喷灌机组适用于水源少而分散的山地丘陵区和平原缺水区，这种喷灌机具有结构简单、一次性投资少、重量轻、操作使用简单、保管维修方便等优点。也适用于城郊小块地粮食作物、果树及蔬菜的喷灌，喷灌面积可大可小。田间作业时，为保持机行道不被淋湿，喷头应向顺风作扇形旋转，机组沿渠道逆风后退，特别是在黏重的土壤上使用时，要注意保护车道，不然泥泞不堪，转移困难。

图 2-4　小型移动喷灌机组

图 2-5　时针式喷灌机

时针式喷灌机，又称为中心支轴自走式连续喷灌机组，由于其喷灌的范围呈圆形，所以有时也称为圆形喷灌机（图 2-5）。这种喷灌机具有生产效率高、喷洒质量好、便于自动控制、不需要很多地面工程等优点，所以近年来发展很快。时针式喷灌机由固定中心支轴、薄壁金属喷洒支管、支撑支管的桁架、支塔架及行走机构等组成。工作时，水泵送来的压力水由支轴下端进入，经支管到各喷头再喷洒到田间，与此同时，驱动机构带动支塔架的行走机构，使整个喷洒支管缓慢转动，实现行走喷洒。时针式喷灌机的支管长度多在60～800米，支管离地面高2～3米。根据灌水量的要求，支管转1圈一般为3～4天，最长可达20天，所以控制面积为200～3000亩，如果地面允许有较大的喷灌强度，喷灌机可以在较短的时间内喷完一片，在灌水周期内可以转移到另一位置，这样机组就实际控制了2块田地，即1台时针式喷灌机的实际控制面积增加了1倍。在方田四角，还可由支管末端的喷角装置喷灌四角。

平移式喷灌机（图2-6）即连续直线移动式喷灌机，它是在牵引式喷灌机的基础上，吸取了时针式喷灌机逐节启动的方法发展起来的，由于它的行走多靠自己的动力，所以也称为平移自走式喷灌机。其外形和时针式很相似，也是由几个到十几个塔架支承一根很长的喷洒支管，一边行走一边喷洒，由软管向支管供水，也可以使支管骑在沟渠上行走或是支管一端沿沟渠行走以直接从沟渠中吸水。但是

图2-6　平移式喷灌机

它的运动方式和时针式完全不同。时针式喷灌机的支管是转动，平移式的支管是横向平移，所以平移式的喷灌强度沿支管各处是一样的，而时钟式的喷灌强度则由中心向外圈逐渐加大。因而平移式喷灌的均匀度较高，受风的影响小，喷灌质量好，适合我国习惯的直线耕作方式。平移式喷灌机的控制面积可大可小，从50亩到3000多亩，大型农场、牧场都可以使用，因此，它是一种极有发展前途的自动化喷灌机械。

软管牵引绞盘式喷灌机（图2-7）属于行走式喷灌机，规格以中型为主，也有小型的产品。国外还应用钢索牵引绞盘式喷灌机，但仅适用于牧草的灌溉。我国生产绞盘式喷灌机主要由绞盘车、输水管、自动调整装置、水涡轮驱动装置、减速箱、喷头车等几部分组成，水源一般由固定干管给水栓供水，喷灌支管绕在绞盘车上，灌水作业由喷头车在田间行走完成，绞盘车采用动力或水力驱动边喷边收管，收管完毕，喷头停止工作，转入下一给水栓作业。此喷灌机可广泛应用于平原、丘陵地区的棉、麦、稻、烟草、花生、甘蔗、剑麻、瓜果、蔬菜、茶叶和牧草等作物的喷洒作业，也可用于城市绿地、电厂、码头除尘等。软管牵引绞盘式喷灌机结构

图 2-7 软管牵引绞盘式喷灌机

紧凑，机动性好，生产效率高，规格多，单机控制面积可达到 150～300 亩，喷洒均匀度较高，喷灌水量可在几毫米至几十毫米的范围内调节。软管牵引绞盘式喷灌机一般采用大口径单头作业，故入机压力要求较高，能耗较大，对于灌水频繁的地区，应慎重选用。软管牵引绞盘式喷灌机的另一个不足之处是需要留出机行道，应在农田基本建设中统一规划，尽量减少占地。

不同喷灌系统的优缺点见表 2-1。

表 2-1 不同喷灌系统的优缺点

形式		优点	缺点
固定式		使用方便，生产率高，省劳力，运行成本低，占地少，喷灌质量好	投资大，需要的管材多
移动式	带管道	投资少，用管少，运行成本低，动力便于综合利用，占地少，喷灌质量好	操作不便，管道移动时易损害作物
	不带管道	投资最少，不用管道，移动方便，动力便于综合利用	占地多，喷灌质量较差
半固定式		投资和用管量介于固定式和移动式之间，运行成本低，占地较少，喷灌质量好	操作不便，管道移动时易损害作物

二、喷灌技术的优缺点

喷灌技术作为一项先进的灌溉技术，与传统的地面灌水方法及其他节水灌溉方式相比，具有以下优缺点。

（一）喷灌的优点

1. 灌水均匀、节约用水

喷灌可以根据土壤质地、结构和入渗特性来合理地选择适宜的喷头，设计合理的喷灌强度与喷灌均匀度，有效控制灌水量和均匀度，不会产生深层渗漏损失和地表流失，且灌水均匀度高，同时由于喷灌采用有压管道输水而大大减少了水量在输送过程中的损失。据试验研究，喷灌的灌溉水利用系数可以达到 0.72～0.93，一般比地面灌溉节约用水 30%～50%，在透水性强、保水能力差的砂性土壤上，节水效果可达 70% 以上。喷灌受地形和土壤影响较小，喷灌后地面湿润度比较均匀，均匀度可达 80%～90%。

2. 适应性强

喷灌对地形和土质适应性强。山地丘陵区地形复杂，修筑渠道难度较大，喷灌采用管道输水，管道布置对地形条件要求相对较低，另外喷灌可以根据土壤质地的黏重程度和水性的大小合理确定喷灌强度，避免造成土壤冲刷和深层渗漏。因此，喷灌可以适用于各种地形和土壤条件，不一定要求地面平整，对于不适合地面灌溉的山地、丘陵、坡地等地形较复杂的地区和局部有高丘、坑洼的地区，都可以应用喷灌；除此以外，喷灌可应用于多种作物，对于所有密植浅根系作物，如小麦、玉米、大豆、花生、烟草、叶菜类蔬菜、根茎类蔬菜、马铃薯、菠萝、草坪、牧场和矮化密植的经济林等都可以采用喷灌。同时对于透水性强或沉陷性土壤及耕表层土薄且底土透水性强的砂质土壤而言，最适合运用喷灌技术。

3. 节省劳力和土地

与国外先进国家相比较，我国每个劳动力负担的耕地面积少得多。但随着国民经济的发展，我国农村劳动力大量转向非农业产业，劳动力价格也不断攀升，节省劳动力的意义也会越来越大。喷灌的机械化程度高，又便于采用小型电子控制装置实现自动化，可以节省大量劳动力，如果采用喷灌施肥技术，其节省劳动力的效果更为显著。此外，采用喷灌还可以减少修筑田间渠道、灌沟、畦等的用工。同时，喷灌利用管道输水，固定管道可以埋于地下，减少田间沟、渠、畦、埂等的占地，比地面灌溉节省土地 7%～15%。

4. 增加产量、提高农产品质量

首先，喷灌能适时适量地控制灌水量，采用少灌、勤灌的方法，使土壤水分保持在作物正常生长的适宜范围内，同时喷灌像下雨一样灌溉作物，对耕层土壤不会产生机械破坏作用，保持了土壤团粒结构，有效地调节了土壤的水、肥、气、热和微生物状况。其次，喷灌可以调节田间小气候，增加近地层空气湿度，调节温度和昼夜温差，可避免干热、高温及霜冻对作物的危害，具有明显的增产效果，一般粮食作物可以增产 10%～20%，经济作物增产 20%～30%，果树增产 15%～20%，蔬菜增产 1～2 倍。最后，喷灌能够根据作物需水状况灵活调节灌水时间与灌水量，整体灌水均匀，且可以根据作物生长需求适时调整施肥方案，有效提高农产品的产量和产品品质。

（二）喷灌的缺点

1. 风对喷洒作业影响较大

由喷头喷洒出来的水滴在落向地面的过程中其运动轨迹受风的影响很大。在风的影响下，喷头在各方向的射程和水量分布都会发生明显变化，从而影响灌水均匀性，甚至产生漏喷。一般风力大于 3 级时，喷灌的均匀度就会大大降低，此时不宜进行喷灌作业或在夜间风力较小时进行喷灌。灌溉季节多风的地区应在设备选型和规划设计上充分考虑风的不利影响，如难以解决，则应考虑采用其他灌溉方法。

2. 漂移蒸发损失大

由喷头喷洒出的水滴在落到地面前会产生蒸发损失，在有风的条件下会漂出灌溉地造成漂移损失，尤其在干旱、多风及高温季节，喷灌漂移蒸发损失更大，其损失量与风速、气温、空气湿度有关。喷灌蒸发损失还与喷头的雾化程度有关，雾化程度越高，蒸发损失越大。

3. 设备投资高

喷灌系统需要大量的机械设备和管道材料，同时系统工作压力较高，对其配套的基础设施的耐压要求也较高，因而需要标准较高的设备，使得一次性投资较高。喷灌系统投资还与自动化程度有关，自动化程度越高，需要的先进设备越多，投资越高。

4. 能耗多，运行费用高

喷灌系统需要加压设备提供一定的压力，才能保证喷头的正常工作，达到均匀灌水的要求，在没有自然水压的情况下只有通过水泵进行加压，这需要消耗一部分能源（电、柴油或汽油），增加了运行费用。为解决这类问题，目前喷灌正向低压化方向发展。另外，在有条件的地方要充分利用自然水压，可大大减少运行费用。

5. 表面湿润较多，深层湿润不足

与滴灌相比，喷灌的灌水强度要大得多，因而存在表层湿润较多，而深层湿润不足的缺点，这种情况对深根作物不利，但是如在设计中恰当地选用较低喷灌强度，或用延长喷灌时间的办法使水分充分地渗入下层，则会大大缓解此类问题。

6. 其他不足之处

对于尚处于小苗时期的作物，由于还没有封行，在使用喷灌系统进行灌溉尤其是将灌溉与施肥结合进行时，一方面很容易滋生杂草，从而影响作物的正常生长，另一方面又加大了水肥资源的浪费；而在高温季节，特别是在南方，在使用喷灌系

统进行灌溉时，在作物生长期间容易形成高温、高湿环境，引发病害的发生传播等。

（三）喷灌系统的适应范围

喷灌技术是当今世界最主要的节水灌溉技术之一，其适应性强，可适用于各种地形和土壤条件，不一定要求地面平整，对于不适合地面灌溉的山地、丘陵、缓坡地等地形复杂的地区和局部有高丘、坑洼的地区，都可以应用喷灌；同时，对于透水性强或沉陷性土壤及耕作表层土薄且底土透水性强的砂质土也同样适用。喷灌适合密植作物、浅根类型作物。喷灌不仅可以为农作物灌水，还可以用来喷洒肥料、农药，防霜冻、防暑、降温和防尘等。

三、喷灌设备

一个完整的喷灌系统由各种喷灌设备有机组合而成，它们各自在系统中起着不同的作用。为保证喷灌系统的正常运行及满足喷灌要求，不同设备之间必须在尺寸规格、压力大小、接口类型、设备类型等方面相互配套。如果设备选择不当，轻则影响系统正常运行，重则造成其他设备破坏，因此，喷灌系统规划设计中，设备的正确选择非常重要。水泵、管道、喷头、过滤器、各类控制部件与安全部件是喷灌系统常用的基本设备。下面简单介绍这些设备的结构及用途。

（一）喷头

喷头是喷灌系统的关键组成部分，它将有压的集中水流喷射到空中，散成细小的水滴并均匀地散布在其所控制的灌溉田面上。水流经喷嘴喷出后，在空中形成一道弯曲的水舌——射流，在空气阻力、表面张力及水的自身重力作用下产生分散，最后雾化成水滴，降落在田面上。喷头的结构形式、制造质量的好坏以及对它的使用是否得当，将直接影响喷灌的质量、经济性和工作可靠性，所以掌握喷灌技术，首先必须对喷头有所了解。这里主要介绍喷头的分类、喷头的基本参数及其性能指标。

1. 喷头的分类

喷头是喷灌系统的专用设备，在喷灌系统中应用的喷头种类繁多，分类方法和分类依据也有多种，如按喷头工作压力（或射程）、结构形式、材质、是否可控角度等对其分类，但常见的有以下两种分类方法。

按工作压力和射程大小，大体上可以把喷头分为微压喷头、低压喷头（近射程喷头)、中压喷头(中射程喷头)和高压喷头(远射程喷头)四类(表2-2)。

表2-2 喷头按工作压力和射程分类

类型	工作压力 (千帕)	射程 (米)	流量 (米³/时)	特点及应用范围
微压喷头	50~100	1~2	0.008~0.3	能耗低,雾化好,适用于微型喷灌系统,可用于花卉、园林、果园、温室作物的灌溉
低压喷头	100~200	2~15.5	0.3~2.5	射程近,水滴打击强度低,主要用于苗圃、菜地、温室、草坪,自压喷灌的低压区及行走式喷灌机
中压喷头	200~500	15.5~42	2.5~32	均匀度好,强度适中,适用范围广
高压喷头	>500	>42	>32	喷洒范围大,生产率高,能耗高,水滴打击强度大。多用于对喷洒质量要求不高的大田作物和牧草等

若按结构形式和喷洒特征,可以分为固定式(散水式、漫射式)喷头、旋转式(射流式)喷头、孔管式喷头3类(表2-3)。

表2-3 喷头按喷头形式和喷洒特征分类

类型	喷头形式	喷洒特征
固定式喷头	折射式、缝隙式、离心式	优点是结构简单,工作可靠,水滴对作物的打击强度小,要求的压力较低,雾化程度高。缺点是射程小,喷灌强度大,水量分布不匀,喷孔易堵
旋转式喷头	摇臂式、叶轮式、反作用式	优点是射程远,流量大,喷灌强度较低,均匀度较高。缺点是当竖管不垂直时,喷头转速不均匀,影响喷灌的均匀性
孔管式喷头	单列孔管、多列孔管	优点是结构简单,工作压力低,操作方便。缺点是喷灌强度大,受风影响大,对地形适应性差,管孔易堵,支管内实际压力受地形起伏影响较大,投资也较大

(1)固定式喷头

也称为漫射式或散水式喷头(图2-8至图2-10),它的特点是在喷灌过程中所有部件相对于竖管是固定不动的,而水流是在全圆周(或扇形)同时向四周散开,包括折射式喷头、缝隙式喷头、离心式喷头。常用于公园、草地、苗圃、温室等处；另外还适用于悬臂式、时针式和平移式等行走式喷灌机上。

图 2-8　折射式喷头

图 2-9　离心式喷头　　　　　　　　　图 2-10　缝隙式喷头

（2）旋转式喷头

又称为射流式喷头，是绕其铅垂线旋转的一类喷头，是目前使用最普遍的一种喷头形式（图 2-11、图 2-12）。一般由喷嘴、喷管、粉碎机构、转动机构、扇形机构、空心轴、轴套等部件组成。旋转式喷头是中射程喷头和远射程喷头的基本形

图 2-11　摇臂式喷头

图 2-12　叶轮式喷头

式，常用的形式有摇臂式喷头、叶轮式喷头和反作用式喷头。又根据是否装有扇形喷洒控制机构而分成全圆转动的喷头和可以进行扇形喷洒的喷头两类，但大多数有扇形喷洒控制机构的喷头同样可进行全圆喷洒。

2. 喷头的基本参数

喷头的基本参数包括喷头的结构参数、工作参数和水力性能参数。下面以旋转式喷头为例说明喷头各参数的代表意义和在设计中的作用。

（1）喷头的结构参数

喷头的结构参数也称为几何参数，表明了喷头的基本几何尺寸，也在很大程度上影响着其他参数，主要有进水口直径 D（毫米）、喷嘴直径 d（毫米）及喷射仰角 α（°）。

A. 进水口直径 D

进水口直径指喷头与竖管连接处的内径 D（毫米），它决定了喷头的过水能力。喷头在加工制造时，为了使喷头水头损失小而又不致喷头体积过大，一般设计流速控制在 3～4 米/秒的范围，其与竖管的连接方法一般采用管螺纹连接。国标规定旋转式喷头进水口公称直径为 10 毫米、15 毫米、20 毫米、30 毫米、40 毫米、50 毫米、60 毫米、80 毫米 8 种类型。

B. 喷嘴直径 d

喷嘴直径指喷嘴流道等截面段的直径 d（毫米），喷嘴直径反映喷头在一定工作压力下的过水能力。同一型号的喷头，允许配用不同直径的喷嘴，但除特殊场合外，一般在使用过程中很少在不同喷嘴直径间进行更换。在工作压力相同的情况下，喷嘴直径决定了喷头的射程和雾化程度，喷嘴直径越小，雾化程度越高，但射程与喷嘴直径关系比较复杂，在一定的工作压力条件下，存在一个与最大射程相对应的喷嘴直径 d_0，小于这一直径 d_0，喷嘴直径越大，射程也越远，大于这一直径，则喷嘴直径 d_0 越大，射程越近。

C. 喷射仰角 α

喷射仰角指喷嘴出口处射流轴线与水平面的夹角 α（°）。在相同工作压力和流量条件下，喷射仰角是影响射程和喷洒水量分布的主要参数。适宜的喷射仰角能获得最大的射程，从而降低喷灌强度和扩大喷头的控制范围，降低喷灌系统的建设投资。目前我国通常用的 PY_1 系列喷头的喷射仰角多为 30°，适用于一般的喷灌工程。为了提高抗风能力或用于树下喷灌，可减小仰角，仰角小于 20° 的喷头称为低仰角喷头。我国 PY_2 系列喷头有 7°、15°、22.5°、30° 等多种仰角供选用。

（2）喷头的工作参数

A. 喷头压力

喷头压力包括工作压力和喷嘴压力。工作压力是指喷头工作时，喷头进水口前的压力，它是使喷头能正常工作的水流压力，通常用 P（压强）或 H（压力水头）表示，其单位为千帕或米。有时为了评价喷头性能的好坏而使用喷嘴压力，它是指喷嘴出口处的水流总压力，由于水流通过喷头内部时会产生水头损失，因而喷嘴压力要小于工作压力，而喷头流道内水头损失的大小主要取决于喷头内部结构，与设计和制造水平有关，此水头损失越小，则喷头性能越好。

对于一个喷头，其工作压力又可分为起始工作压力、设计工作压力和最高工作压力。起始工作压力就是能使喷头正常运转的最低水压力值，如果喷头进口处的水压力低于此值，则喷头无法正常工作，会出现喷头不旋转、水滴雾化程度不够，射程小等异常情况。同样，如果喷头进口处的水压力高于最高工作压力，喷头也不能正常工作，会出现喷头旋转速度加快、雾化程度过高、水量分布不均等异常情况。由此可见，在设计喷灌系统时，一定要使整个系统所有竖管末端的实际水压力都在最高工作压力和起始工作压力之间，而且最好能使绝大多数喷头在设计工作压力或接近设计工作压力的条件下工作。

在水力性能相同的前提下，喷头的工作压力越低越好，这样有利于节约能源。因而采用低压喷头是今后喷灌技术的发展方向之一，但在生产实践中需要在节省能源和增加其他费用之间权衡利弊。

B. 喷头流量 q

喷头流量是指一个喷头在单位时间内喷洒出来的水的体积，单位为米³/时、升/时。喷头流量是决定喷灌强度的重要因素之一，也是选择喷头的重要依据。喷头流量的大小主要决定于工作压力和喷嘴直径，工作压力越大，喷嘴直径越大，喷头流量就越大；反之，喷头流量就越小。

C. 射程 R

国家标准《旋转式喷头试验方法》中规定：喷头的射程指在无风条件下正常工作时，雨量筒中收集的水深为 0.3 毫米/时（喷头流量低于 250 升/时则为 0.15 毫米/时）的那一点到喷头中心的水平距离。

喷头的结构参数确定后，其射程主要受工作压力的影响。在一定的工作压力范围内，压力增加，则射程也相应增加；超出这一压力范围时，压力增加只会提高雾化程度，而射程不会再增加。在喷头流量相同的条件下，射程越大，则单个喷头的喷洒强度就越小，提高了喷灌对黏重土壤的适用性，同时喷头的布置间距可以增大，这样可以降低设备投资，所以射程是喷头的一个重要工作参数，也是选择喷头型号的主要指标。

（3）喷头的水力参数

A. 喷灌强度 ρ

喷灌强度是指喷头在单位时间内喷洒到单位面积上水的体积，或单位时间内喷洒在灌溉土地上的水深，单位一般用毫米/时或毫米/分表示。由于喷洒时水量分布常常是不均匀的，因此喷灌强度有点喷灌强度 ρ_i 和平均喷灌强度（平均面积和平均时间）ρ 以及计算喷灌强度 ρ_s 三个概念。一般采用计算喷灌强度评价喷头的水力性能。

计算喷灌强度是在不考虑水滴在空气中的蒸发和飘移损失的情况下，根据喷头喷出的水量与喷洒在地面上的水量相等的原理用下式进行计算的。

$$\rho_s = 1\ 000q/S$$

式中：ρ_s 为计算喷灌强度，毫米/时；q 为喷头流量，米³/时；S 为单喷头实际喷洒面积，米²。

喷头性能参数表给出的喷灌强度，一般均指计算喷灌强度。喷头喷灌强度是喷灌工程设计中确定喷灌强度的基础，当喷头组合方式及组合间距一定时，喷头喷灌强度越大，则组合喷灌强度也越大，但喷灌设计时，组合喷灌强度不能大于土壤的允许喷灌强度。

B. 水量分布

喷头喷洒的水量在地面的分布特征体现了喷头喷水质量的好坏，是影响喷灌均匀度的主要因素，通常是用水量分布图来表示。在理想的情况下，旋转式喷头在无风的条件下水量分布等值线图应是一组以喷头为圆心的同心圆，但实际的水量分布

34

等值线图只是1组近似的同心圆，即在离喷头距离相等的位置其水量是近似相等的（图2-13）。但水量沿径向的分布是不均匀的，如图2-14中的喷头径向水量分布曲线所示。

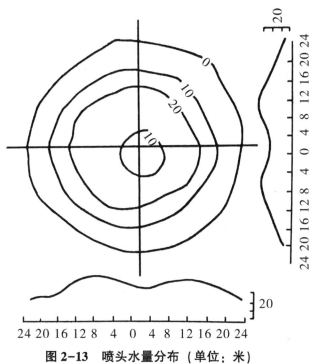

图 2-13　喷头水量分布（单位：米）

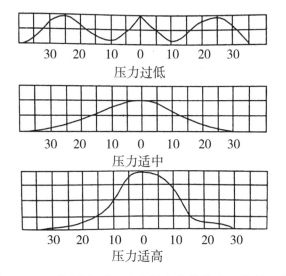

图 2-14　工作压力对喷头水量分布的影响（单位：米）

影响喷头水量分布的因素很多，工作压力、风、喷头的类型和结构等都会对喷头水量分布产生较大的影响，因而在进行喷灌系统设计时要充分考虑这些因素。工作压力对水量分布的影响主要是工作压力越高，喷头对水的雾化程度越高，因而射程不远，喷头附近水量过多，远处水量不足；压力过低，水流分散雾化不足，大部分水量射到远处，中间水量少，呈"马鞍形"分布；压力适中时，水量分布曲线基本上为一个近似的等腰三角形（图2-14）。风对喷头水量分布主要体现在喷头在逆风带射程减小，在顺风带射程增大，整个湿润面积也减小，且这种影响随风力的增大而加强。因此，在进行喷灌系统规划设计时，一定要充分考虑风的影响，当风力超过4级时，喷灌质量会受到严重影响，应停止喷灌作业。

C. 水滴打击强度

水滴打击强度是指在喷头喷洒范围内，喷洒水滴对作物或土壤的打击动能。一般来说，水滴的直径和密度越大，则越容易破坏土壤表层结构，造成板结，而且还会打伤作物叶片或幼苗，因此，水滴直径是喷灌设计中应充分考虑的因素。但是，水滴直径在实践中实测仍然有一定难度，而且它与工作压力和喷嘴直径，甚至风都有关系，所以在设计中常用喷头雾化指标 ρ_d 来表示喷洒水滴的打击强度。

雾化指标，是用喷头工作压力和主喷嘴直径的比值来评价一个喷头对水流粉碎程度的指标，按下式计算：

$$\rho_d = 1\,000H/d$$

式中：ρ_d 为喷头雾化指标；H 为喷头工作压力，米；d 为喷嘴直径，毫米。

对同一喷头来说，ρ_d 值越大，说明其雾化程度越高，水滴直径就越小，打击强度也越小。但如果 ρ_d 值过大，蒸发损失增大，受风的影响也增强，而且压力水头损失急剧增加，能源消耗加大，对节水节能不利，喷头 ρ_d 值应以不打伤作物叶片或幼苗和不破坏土壤结构为宜。

3. 常用喷头介绍

（1）摇臂式喷头

1933年美国柑橘园种植者 Orton Englehart 发明了世界上第一个摇臂式喷头，经过70多年的发展，摇臂式喷头仍然是农业喷灌用主要喷头，虽然生产同类喷头的厂家非常多，喷头的形式也多种多样，但是其基本结构和工作原理都是一样的。

不同厂家生产的摇臂式喷头在结构形式上都存在一定的差别，但是都基本由下列几部分构成。

旋转密封机构：是保证喷头在运行过程中旋转部位不产生漏水的机构，常用的有径向密封和端面密封两种形式，由减磨密封圈、胶垫（或胶圈）、防沙弹簧等部件组成。

流道：是水流通过喷头时的通道，由空心轴、喷体、喷管、稳流器和喷嘴等零件组成。

驱动机构：是驱使喷头在喷洒过程中进行转动的机构，也是区别于其他喷头的主要部件。包括摇臂、摇臂轴、摇臂弹簧、弹簧座等零件。

扇形换向机构：是限制喷头喷洒范围，使喷头在规定的角度范围内进行喷洒的机构，但也不是所有摇臂式喷头都具有这一部分结构，只有在具有换向机构的喷头上才有扇形换向机构，一般带换向机构的喷头不仅能作扇形喷洒，也可以进行全圆喷洒，但不带换向机构的摇臂式喷头只能进行全圆喷洒。扇形换向机构主要由换向器、反转钩和限位销（环）组成。

连接件：是喷头与田间供水管道相连接的部件，多为喷头的空心轴套用螺纹与竖管连接。

摇臂式喷头的工作原理是利用喷嘴喷射出来的水柱，冲开摇臂头部的挡水板和导水板，使摇臂扭转弹簧扭紧。在扭转弹簧的扭力作用下，使摇臂前端的挡水板以一定的初速度切入射流，由于挡水板有一个较大的偏流角度，使摇臂返回的速度加快，从而撞击喷体，喷体则克服旋转部分的摩擦阻力而转动一个角度。与此同时，摇臂前端的导水板又切入水柱，在射流冲击力的作用下，摇臂又开始第二个工作循环，以此类推，喷头则作全圆喷灌作业。摇臂式喷头的工作原理实质上是摇臂工作时不同能量的相互转化与传递过程。

可进行扇形喷洒的摇臂式喷头（图2-15）由于在结构上具有换向机构，占用了一个喷嘴的位置，因而带换向机构的摇臂式喷头一般是单喷嘴的，结构形式也非常多，其换向机构是在喷管后面装有一个双稳态的突变挡销。此挡销由安装在空心轴套上的两个限位销（环）来控制，喷头在旋转时只有当突变挡销碰到限位销（环）时，突变挡销才受限位销（环）的阻挡而改变位置，因而突变挡销只有两个稳定的位置，当在其中一个位置时，挡销挡对摇臂不存在任何限制，摇臂可以自由转动使喷头作正向旋转，进行的是上面5个阶段的运动，但当挡销在另一位置时，挡销挡住摇臂的后部，限制了摇臂的摇幅，摇臂在导水板受到水流反作用力时不能脱离射流，而是受水流反作用力快速反向转动，返回原来位置而完成一次喷洒，然后又进入下一次旋转过程。因此只要调节两个定位销的相对位置能，就可以使喷头在任意方位作任意角度的扇形喷洒。

1-减磨密封圈；2-空心轴套；3-突变挡销；4-限位环；5-换向器；6-摇臂弹簧；7-摇臂；8-喷嘴；9-喷体。

图 2-15　带换向机构的单嘴摇臂式喷头

有些喷头带有粉碎结构，通过调整突销切入水流的深度可以改变其雾化程度及射程大小，但是突销的制造质量，特别是其前端的几何形状对破碎后的水量分布影响很大，如制造精度不够，反而会使水量分布不均匀，严重时水舌呈股状射出，局部水滴打击强度增加，伤害作物。

（2）全射流喷头

全射流喷头是我国独创的具有我国发明专利的旋转式喷头，20 世纪 80 年代已完成该结构的初步研究。从已有的研究结果来看，全射流喷头的射程、喷射高度、水量分布特性以及雾化度等性能指标都不低于摇臂式喷头。全射流喷头是利用水流附壁效应改变射流方向从而通过水流反作用力获得驱动力矩的旋转式喷头，全射流喷头工作时，水射流元件不仅要完成射流的均匀喷洒任务，还要与换向器一起共同完成改变水射流的偏转方向，驱动喷头自动正、反向均匀旋转。

与摇臂式喷头相比，全射流喷头的优点主要表现为：运动部件小，无撞击部件，结构较简单，用一个简单的水射流元件取代了摇臂式驱动的一套复杂机构，喷洒性能及雾化性能好；缺点是：不能更换喷嘴，一旦磨损后需更换整个射流元件，在含沙水质下运行时出现卡塞现象，射流元件加工难度大，控制孔不易加工，易堵塞，运行的可靠性、稳定性有待进一步提高。

全射流喷头是由密封机构、喷体、喷管、水射流元件和换向机构等主要部件组成。射流喷头根据旋转方式可以分为连续式和步进式两类，连续式推动喷头旋转的反作用力是连续的，互作用腔内壁为曲线，而步进式是间歇施加驱动力矩，使喷头间歇性地转动，近似于匀速转动，互作用腔内壁为直线。无论是连续式还是步进式喷头，都是采用附壁式射流元件生产反作用力驱动喷头旋转。

以上介绍的喷头均为旋转式喷头，是喷灌工程（特别是大面积喷灌工程）应用较多的喷头，除此之外，还有固定式喷头和孔管式喷头，固定式喷头在喷洒时其零部件均无相对运动，其特点是水流分散、射程短、喷灌强度小，因而常将这类喷头划归为微灌工程范围。

（二）喷灌管道与管件

喷灌管道是喷灌工程的主要组成部分，其作用是向喷头输送具有一定压力的水流，所以喷灌用管道必须能够承受一定的压力，保证在规定工作压力下不发生开裂及爆管现象，以免造成人身伤害和财产损失，最好选用名牌产品和国优产品。此外，由于管道系统在喷灌工程中需用数量多，占投资比例大，因此还要求管材及管件质优价廉，使用寿命长，内壁光滑，安装施工方便。

1. 管道分类

适用于喷灌系统的管道种类很多，可按不同的方法进行分类，按材料可将喷灌管道分为金属管道和非金属管道两类。

各种管道采用的制造材料不同，其物理力学性能和化学性能也不相同，如耐压性、韧性、耐腐蚀性、抗老化性等，所以各自适用的范围也不相同。金属管、钢筋混凝土管、聚氯乙烯管、聚乙烯管、改性聚丙烯管宜作为固定管道埋入地下，而薄壁铝合金管、薄壁镀锌钢管、涂塑软管则通常作为地面移动管道使用。

2. 固定管道及管件

（1）铸铁管

铸铁管承压能力大，一般可承压 1 兆帕，工作可靠，使用寿命长，一般可使用 30～60 年，管件齐全，加工安装方便等。但缺点是管壁厚，重量大，搬运不方便；价格高；管子长度较短，安装时接头多，增加施工量；长期使用内壁会产生锈瘤，使管道内径缩小，阻力加大，导致输水能力大大降低，一般使用 30 年后需要进行更换（图 2-16）。

图 2-16　铸铁管

（2）钢管

钢管一般用于裸露的管道或穿越公路的管道，它能承受较高的工作压力，一般承受工作压力为 1 兆帕以上；具有较强的韧性，不易断裂；管壁较薄，管段长而接头少，铺设安装简单方便。但缺点是价格高；使用寿命较短，常年输水的钢管使用年限一般不超过 20 年；另外钢管易腐蚀，埋设在地下时，须在其表面涂有良好的防腐层（图 2-17）。

图 2-17　钢管

（3）钢筋混凝土管

钢筋混凝土管有自应力钢筋混凝土管和预应力钢筋混凝土管两种，都是在混凝

40

土浇制过程中，使钢筋受到一定拉力，从而使其在工作压力范围内不会产生裂缝，可以承受0.4～1.2兆帕的压力。它们的优点是：不易腐蚀，经久耐用，使用寿命比铸铁管长，一般可用40～60年以上；安装施工方便；内壁不结污垢，管道输水能力稳定；采用承插式柔性接头，密封性好，安全简便。缺点是：自重大，运输不便，且运输时需要包扎、垫地、轻装，免受损伤；质脆，耐撞击性差；价格较高等（图2-18）。

图2-18　钢筋混凝土管

（4）硬聚氯乙烯管（PVC管）

硬聚氯乙烯管是目前喷灌工程使用最多的管道，它是以聚氯乙烯树脂为主要原料，加入符合标准的、必要的添加剂，经挤出成型的管材。硬聚氯乙烯管的承压能力因管壁厚度和管径不同而异，喷灌系统常用的为0.6兆帕、1.0兆帕、1.6兆帕、2.5兆帕。硬聚氯乙烯管的优点是：耐腐蚀，使用寿命长，在地埋条件下，一般可用20年以上；重量小，搬运容易；内壁光滑、水力性能好，过水能力稳定；有一定的韧性，能适应较小的不均匀沉陷。缺点是：材质受温度影响大，高温发生变形，低温变脆；易受光、热老化，工作压力不稳定；膨胀系数大等。

目前，我国还没有喷灌用硬聚氯乙烯管产品的国家标准，喷灌中所用硬聚氯乙烯管的规格尺寸、技术要求等是以《给水用硬聚氯乙烯（PVC-U）管材》（GB/T 10002.1—2006）标准来要求的。规格有（公称外径毫米）20毫米，25毫米，32毫米，40毫米，50毫米，63毫米，75毫米，90毫米，110毫米，125毫米，140毫米，160毫米，180毫米，200毫米；压力等级有0.6兆帕，0.8兆帕，1.0兆帕，1.25兆帕，1.6兆帕（图2-19）。

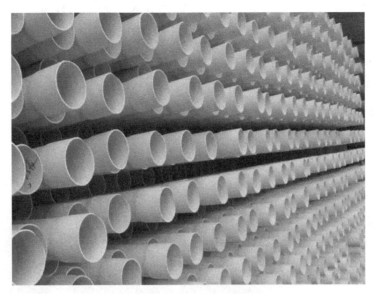

图 2-19 PVC 管

（5）聚乙烯管（PE 管）

聚乙烯管根据聚乙烯材料密度的不同，可分为高密度聚乙烯管（简称 HDPE 管或 UPE 管）和低密度聚乙烯管（简称 LDPE 管或 SPE 管）。前者为低硬度管，后者为高硬度管。目前 HDPE 管材以外径为公称直径，共分为 Φ50 毫米、Φ63 毫米、Φ75 毫米、Φ90 毫米、Φ110 毫米、Φ125 毫米、Φ160 毫米、Φ200 毫米、Φ250 毫米、Φ315 毫米共 10 个规格，管材公称压力分为 0.6 兆帕，0.8 兆帕，1.0 兆帕，1.25 兆帕，1.6 兆帕 5 个等级。

低密度聚乙烯（LDPE、LLDPE）管材较柔软，抗冲击性强，适宜地形较复杂的地区。喷灌用低密度聚乙烯管材的规格及技术要求按《喷灌用低密度聚乙烯管材》（GB 6674—1986）标准控制。聚乙烯管材在半固定式喷灌系统和微灌系统中应用较多，而在地埋式固定喷灌系统中则应用很少。

（6）聚丙烯管

喷灌用聚丙烯管是以聚丙烯树脂为主要原料，经挤出成型而制成的性能良好的聚丙烯管材。由于聚乙烯管存在低温时性脆的缺点，故一般喷灌多使用改性聚丙烯管。聚丙烯管在常温条件下，使用压力分为 I、II、III 型。I 型为 0.4 兆帕，II 型为 0.6 兆帕，III 型为 0.8 兆帕。

3. 移动管道及管件

移动式、半固定式喷灌系统管道的移动部分由于需要经常移动，因此它们除了要满足喷灌用的基本要求外，还必须具有重量轻、移动方便，连接管件易于拆装，耐磨耐撞击，抗老化性能好等特点。常见喷灌用的移动管材有薄壁铝管、薄壁镀锌钢管和涂塑软管。

（1）薄壁铝管

薄壁铝管的优点是：重量轻，搬运方便；强度高，能承受较大的工作压力，可达1.0兆帕；韧性强，不易断裂；不锈蚀，耐酸性腐蚀；内壁光滑，水力性能好；寿命长，正常条件下使用寿命可达15～20年，被广泛用作喷灌系统的地面移动管道。但其硬度小，抗冲击力差，发生碰撞容易变形，且价格较高，耐磨性不及钢管，不耐强碱性腐蚀，寿命价格比略低于塑料管，但废铝管可以回收。

（2）薄壁镀锌钢管

薄壁镀锌钢管是用0.8～1.5毫米带钢辊压成型，高频感应对焊成管，并切割成所需要的长度，在管端配上快速接头，然后经镀锌而成。它的优点是：重量轻（仅为同直径水煤气管重量的1/5左右），搬运方便；强度高，可承受1.0兆帕的工作压力；韧性好，不易断裂；抗冲击力强，不怕一般的碰撞；寿命长，质量好的热浸镀锌薄壁钢管可使用10～15年。但是，它的耐锈蚀能力不如铝管和塑料管，价格较高，重量也较铝管和塑料管大，移动不如铝管方便。

（3）涂塑软管

涂塑软管是用锦纶纱、维纶纱或其他强度较高的材料织成管坯，内外壁或内壁涂敷聚氯乙烯或其他塑料制成。用于喷灌的涂塑软管主要有锦纶丝塑料管和维塑软管两种。锦纶丝塑料管是用锦纶丝织成网状管坯后在内壁涂一层塑料而成；维塑软管是用维纶丝织成管坯，并在内、外壁涂注聚氯乙烯而成。涂塑软管具有质地强、耐酸碱、抗腐蚀、管身柔软、使用寿命较长、管壁较厚等特点，使用寿命可达3～4年。由于其重量轻，便于移动，价格低，因而常用于移动式喷灌系统中，但是其易老化，不耐磨，怕扎、怕压折。

（三）其他附属设备

有压灌溉系统能够正常工作的基本条件是工作压力和流量都在设计要求范围内，无异常情况，但是系统在运行过程中经常会出现水流中进入空气、杂物，水流方向改变，压力、流量突然变化等各种客观和人为造成的异常情况，影响到系统的安全运行，同时在系统运行过程中管理人员必须通过一些设备来监测与控制系统的运行状况，而且系统某一部件出现问题时需关闭整个系统进行维修，所有这些情况在任何一个机压喷灌和微灌系统中都是客观存在的，因而在系统中必须根据需要安装控制、量测与保护装置，如过滤器、安全阀、进排气阀、水锤消除器、阀门、压力表、流量表等，以保证灌溉系统的正常运行。

1. 控制部件

控制部件的作用是控制水流的流向、流量和总供水量，它是根据系统设计灌水方案，有计划地按要求的流量将水流分配输送至系统的各部分，主要有各种阀门和专用给水部件。

（1）给水栓

给水栓是指地下管道系统的水引出地面进行灌溉的放水口，根据阀体结构形式可分为移动式给水栓、半固定式给水栓和固定式给水栓（图2-20）。

图 2-20　给水栓

（2）阀门

阀门是喷灌系统必用的部件，主要有闸阀、蝶阀、球阀、截止阀、止回阀、安全阀、减压阀等（图2-21至图2-23）。在同一灌溉系统中，不同的阀门起着不同的作用，使用时可根据实际情况选用不同类型的阀门，表2-4列出了喷灌和微灌用各种阀门的作用及特点。

图 2-21　蝶阀　　　　　图 2-22　PVC 球阀　　　　　图 2-23　止回阀

表 2-4　各类阀门的作用、特点及应用

类型	作用	特点及应用
闸阀	截断和接通管道中水流	阻力小，开关力小，水可从两个方向流动，占用空间小，但结构复杂，密封面容易被擦伤而影响止水功能，高度较大
球阀	截断和接通管道中水流	结构简单，体积小，重量轻，对水流阻力小，但启闭速度难控制，可能产生较大的水锤压力。多安装于喷洒支管处，控制喷头
蝶阀	开启或关闭管道中水流，也可起调节作用	启闭速度较易控制，多安装于水泵出水口处
止回阀	防止水流逆流	阻力小，顺流开启，逆流关闭，可防止水泵倒转和水逆流产生水锤压力，也可防止管道中肥液倒流腐蚀水泵，污染水源
安全阀	压力过高时泄压	安装于管道始端和易产生水柱分离处，防止水锤
减压阀	压力过高时自动打开，保护设备	安装于地形较陡管线急剧下降处的最低端，或当自压喷灌中压力过高时安装于田间管道入口处
空气阀	排气、进气	管道内有高压空气时排气，防止管内产生真空时进气，防止负压破坏。安装于系统最高处和局部高处

（3）进（排）气阀

进（排）气阀是能够自动排气和进气，且当压力水来时能够自动关闭的一种安全保护设备（图2-24），主要作用是排除管内空气，破坏管道真空，有些产品还具有止回水功能。当管道开始输水时，管道内的空气受水的挤压向管道高处集中，如空气无法排出，就会减小过水断面，严重时会截断水流，还会造成高于工作压力数倍的压力冲击。当水泵停止供水时，如果管道中有较低的出水口（如灌水器），则管道内的水会流向系统低处而向外排出，此时会在管内较高处形成真空负压区，压差较大时对管道系统不利，解决此类问题的方法便是在管道系统的最高处和管路中

图 2-24　各种规格的进（排）气阀

凸起处安装进（排）气阀。进（排）气阀是管路安全的重要设备，不可缺少。一些非专业的设计不安装进（排）气阀造成爆管及管道吸扁，使系统无法正常工作。

（4）安全阀

安全阀是一种压力释放装置，当管道的水压超过设定压力时自动打开泄压，防止水锤事故，一般安装在管路的较低处。在不产生水柱分离的情况下，安全阀安装在系统首部（水泵出水口端），可对整个喷灌系统起保护作用。如果管道内产生水柱分离，则必须在管道沿程一处或几处安装安全阀才能达到防止水锤的目的（图2-25）。

图 2-25　安全阀

2. 流量与压力调节装置

当喷灌系统中某些区域实际流量和压力与设计工作压力相差较大时，就需要安装流量与压力调节装置来调节管道中的压力和流量，特别是在利用自然高差进行自压喷灌时，往往存在喷灌区管道内压力分布不均匀，或实际压力大于喷头工作压力，导致流量与压力很难满足要求，也给喷头选型带来困难，此时除进行压力分区外，在管道系统中安装流量与压力调节装置是极为必要的。流量与压力调节装置都是通过自动改变过水断面来调节流量与压力，实际上是通过限制流量的方法达到减小流量或压力的一种装置，并不会增加系统流量或压力。根据此工作原理，在生产实践中，考虑到投资问题，也有用球阀、闸阀、蝶阀等作为调节装置的，但这样一方面会影响到阀门的使用寿命，另一方面也很难进行流量与压力的精确调节。

3. 量测装置

喷灌系统的量测装置主要有压力表、流量计和水表，其作用是系统工作时实时监测管道中的工作压力和流量，正确判断系统工作状态，及时发现并排除系统故障。

（1）压力表

压力表是所有设施灌溉系统必需的量测装置，它是测量系统管道内水压的仪器，能够实时反映系统是否处于正常工作状态，当系统出现故障时，可根据压力表读数变化的大小初步判断可能出现的故障类型，压力表常安装于首部枢纽、轮灌区入口处、支管入口处等控制节点处，实际数量及具体位置要根据喷灌区面积、地形复杂程度等确定。在过滤器前后一般各需安装1个压力表，通过两端压力差大小判断过滤器堵塞程度，以便及时清洗，防止过滤器堵塞减小过水断面，造成田间工作压力及流量过小而影响灌溉质量。喷灌用压力表要选择灵敏度高、工作压力处于压力表主要量程范围内，表盘较大，易于观看的优质产品。喷灌系统工作状态除田间观察外，主要由压力表反映，因此，必须保证压力表处于正常工作状态，出现故障要及时更换（图2-26）。

图2-26 压力表

（2）流量计和水表

流量计和水表都是量测水流流量的仪器，两者不同之处是流量计能够直接反映管道内的流量变化，不记录总过水量，而水表（图2-27）反映的是通过管道的累积水量，不能记录实时流量，要获得系统流量时需要观测计算，一般安装于首枢纽或干管上。在配备自动施肥机的喷灌系统，由于施肥机需要按系统流量确定施肥量的大小，因而需安装一个自动量测水表。

图2-27 水表

4. 自动化控制设备

设施灌溉系统的优点之一是容易实现自动化控制。自动化控制技术能够在很大程度上提高灌溉系统的工作效率，采用自动化控制灌溉系统具有以下优点：能够做到适时适量地控制灌水量、灌水时间和灌水周期，提高水分利用效率；大大节约劳动力，提高工作效率，减少运行费用；可灵活方便地安排灌水计划，管理人员不必直接到田间进行操作；可增加系统每天的工作时间，提高设备利用率。

设施灌溉的自动化控制系统主要由中央控制器、自动阀、传感器等设备组成，其自动化程度可根据用户要求、经济实力、种植作物的经济效益等多方面综合考虑确定。在选择自动化控制系统时必须注意的是自动化程度的高低并不代表实际灌水效果的好坏，因为灌水效果主要取决于灌溉系统设计得合理与否。对自动化程度要求不高的灌溉系统由控制器和电磁阀即可实现，而且这类自动化灌溉系统投资较少，操作简单，对管理人员的要求较低，具有一定的推广前景。

（1）中央控制器

中央控制器是自动化灌溉系统的控制中心，管理人员可以通过输入相应的灌溉程序（灌水开始时间、延续时间、灌水周期）对整个灌溉系统进行控制。由于控制器价格比较昂贵，控制器类型的选择应根据实际的容量要求和要实现的功能多少而定。

（2）自动阀

自动阀的种类很多，其中电磁阀是在自动化灌溉系统中应用最多的一种，电磁阀是通过中央控制器传送的电信号来打开或关闭阀门的，其原理是电磁阀在接收到电信号后，电磁头提升金属塞，打开阀门上游与下游之间的通道，使电磁阀内橡胶隔膜上面与下面形成压差，阀门开启。

第二节　微灌系统简介

微灌就是利用专门的灌水设备（滴头、微喷头、渗灌管和微管等），将有压水流变成细小的水流或水滴，湿润作物根部附近土壤的灌水方法，因其灌水器的流量小而称之为微灌，主要包括滴灌、微喷灌、脉冲微喷灌、渗灌等。微灌的特点是灌水流量小，一次灌水延续时间长，周期短，需要的工作压力较低，能够较精确地控制灌水量，把水和养分直接输送到作物根部附近的土壤中，满足作物生长发育的需要，实现局部灌溉。目前生产实践中应用广泛且具有比较完整理论体系的主要是滴灌和微喷灌技术。另外渗灌技术因其节水效果更好，又不影响农事活动而表现出很好的发展前景，但还有诸多技术有待改进。

一、微灌系统的组成和分类

（一）微灌系统的组成

微灌系统主要由水源工程、首部枢纽工程、输水管网、灌水器组成（图2-28）。

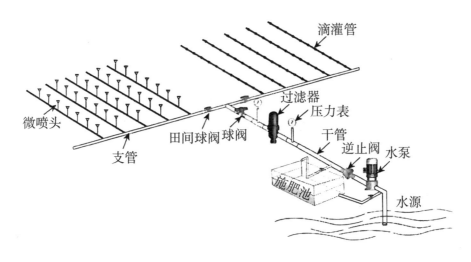

图 2-28　微灌系统组成

1. 水源工程

在生产中可能的水源有河流水、湖泊水、塘堰水、沟渠水、泉水、井水、水窖（窖）水等，只要水质符合要求，均可作为微灌的水源，但这些水源经常不能被微灌工程直接利用，或流量不能满足微灌用水量要求，此时需要根据具体情况修建一些相应的引水、蓄水或提水工程，统称为水源工程。

2. 首部枢纽工程

首部枢纽是微灌工程中非常重要的组成部分，是整个系统的驱动、检测和控制中枢，主要由水泵及动力机、过滤器等水质净化设备、施肥装置、控制阀门、进排气阀、压力表、流量计等设备组成。其作用是从水源中取水经加压过滤后输送到输水管网中，并通过压力表、流量计等量测设备监测系统运行情况。

（1）水泵

水泵是微灌系统的加压设备，微灌系统常用水泵有潜水泵、深井泵、离心泵、管道泵，其配套动力机可以是电动机和柴油机、汽油机等。在有自然水头的地方，可发展自压微灌系统，也可以先用水泵将水提高到灌区最高处的蓄水设备，然后再利用自压进行灌溉。对于来水量不足，需要调蓄或含沙量很大的水源，则要修建蓄水池和沉沙池。为了避免在沉淀池和蓄水池中产生藻类植物，应尽可能将沉淀池和蓄水池加盖。

（2）过滤设备

过滤设备的作用是将灌溉水中固体成分滤去，避免这些杂物进入灌溉系统，堵塞灌水器，减少系统寿命，严重时直接导致整个系统瘫痪，浪费财力，造成经济损失。过滤设备一般安装在水泵之后，输配水管之前。

过滤设备的种类有：沉沙池、旋流水沙分离器、砂石过滤器、叠片式过滤器、筛网式过滤器等。微灌系统过滤器类型、尺寸大小和数量多少应依水源的水质和系统流量而定。一般情况下，过滤器都集中安装在首部枢纽。

过滤器并不能完全过滤掉水中的杂质，而且由于微生物生长、化学沉淀等原因，灌溉水经过滤器进入田间管道系统后又会形成新的杂物，因此安装过滤器并不能完全解决灌水器的堵塞问题，只是通过高效的过滤系统尽量使灌水器的堵塞程度降至最低，符合微灌系统所要求的标准。

（3）逆止阀

也称止回阀。当停泵后，防止管道中的水倒流进水泵引起水泵的高速倒转，也防止管道中混有肥料的水倒流进水源，污染水源，尤其是通过灌溉系统施用农药时，更要防止水流倒灌。

（4）进排气阀

安装于系统最高处或局部最高处，用于自动打开以排出管内空气和管道形成真空时进气，保证系统安全运行。

（5）流量及压力测量装置

用于测量管线中的流量或压力，包括水表、压力表等。水表用于测量管线中流过的总水量，根据需要可以安装于首部，也可以安装于任何一条干管、支管上。如安装在首部，须设于施肥装置之前，以防肥料腐蚀。压力表用于测量管线中的内水压力，在过滤器和密封式施肥装置的前后各安设一个压力表，可通过观测其压力差的大小来判断过滤器是否需要清洗和施肥量的大小。

自动量水阀是根据所需水量和设计流量选择的。在设计时，一定要考虑制造厂商提供的局部水头损失值。

（6）肥料注入设备

用于将肥料、农药等直接注入压力管系统中，肥料注入设备应设在过滤设备之前，以防止肥料中的固体颗粒进入管道。

（7）压力或流量调节阀

压力调节阀的作用是在其工作压力范围内，入口压力无论如何变化，而出口压力始终稳定在一定的范围内。流量调节阀的作用是在其工作流量范围内，保证流量稳定在一定范围内。压力或流量调节阀一般只是当实际压力或流量超过系统要求值时，起到减压或减小流量的作用。

（8）阀门

阀门是直接用来控制和调节微灌系统压力流量的操纵部件，布置在需要控制的部位上，一般有闸阀、球阀、逆止阀、空气阀、水动阀、电磁阀等。

（9）控制器

仅用于自动控制灌溉系统中，对系统进行自动控制，一般控制器具有定时或编程功能，根据用户给定的指令操作水泵、电磁阀或水动阀，进而对系统进行自动控制。

3. 输配水管网

输配水管网的作用是将首部枢纽处理过的水按照要求输送分配到每个灌水单元和灌水器，包括干管、支管和毛管三级管道。毛管是微灌系统末级管道，其上安装或连接灌水器。微灌系统中直径小于或等于63毫米的管道常用聚乙烯（PE）管材，大于63毫米的常用聚氯乙烯（PVC）管材。

4. 灌水器

灌水器是微灌系统中最关键的部件，是直接向作物灌水的设备，其作用是消减压力，将水流变为水滴、细流或喷洒状施入土壤，主要有滴头、滴灌带、微喷头、渗灌滴头、渗灌管等。微灌系统的灌水器大多数用塑料注塑成型。

（二）微灌系统的分类

1. 根据微灌工程中输配水管道在灌水季节中是否移动及毛管在田间的布置方式分类

（1）地面固定式微灌系统

毛管布置在地面，干管、支管埋入地下，在整个灌水季节首部枢纽固定不动，毛管和灌水器也不移动的系统称为地面固定式微灌系统。这种系统主要用于灌水次数频繁、行距较宽、经济价值较高的果园、蔬菜等作物种植区，也可用于畦植农作物灌溉。地面固定式微灌系统一般使用流量为4～8升/时的单出水口滴头或流量为2～8升/时的多出水口滴头，也可以用微喷头。这种系统的优点是安装、拆卸、清洗毛管和灌水器比较方便，易于管理和维修，便于检查土壤湿润和测量滴头流量变化的情况，也易于实现自动化。缺点是毛管和灌水器容易损坏和老化，还会影响到其他农事作业，设备的利用率也较低。在丘陵山区，地面坡度陡，地形复杂的地区一般应安装固定式微灌系统。

（2）地下固定式微灌系统

近年来，随着微灌技术的改进和提高，微灌的堵塞现象减少，采用了将毛管和灌水器（主要是使用滴头）或渗灌管全部埋入地下的系统。与地面固定式系统相比，地下微灌系统的优点是免除了毛管在作物种植和收获前后安装和拆卸的工作，不影响其他农事作业，延长了设备的使用寿命。缺点是不能检查土壤湿润和灌水器堵塞情况，设备利用率低，一次投资较高。

（3）移动式微灌系统

按移动毛管的方式不同，移动式微灌系统可分为机械移动和手工移动两种。与固定式微灌系统相比，移动式微灌系统节省了大量毛管和滴头或微喷头，从而降低了微灌工程的投资，缺点是需要劳力多。

（4）间歇式微灌系统

间歇式微灌系统又称脉冲式微灌系统。工作方式是系统每隔一定时间灌水一次，灌水器流量比普通流量大4～10倍。间歇式微灌系统使用的灌水器孔口较大，减少了堵塞，而且间隔灌水避免了地面径流的产生和深层渗漏损失。缺点是灌水器制造工艺要求较高。

2. 根据灌水器的不同分类

可将微灌系统分为微喷灌、滴灌、涌泉灌溉和渗灌4种形式。

（1）微喷灌

微喷灌是通过低压管道将有压水流输送到田间，再通过直接安装在毛管上或与毛管连接的微喷头或微喷带将灌溉水喷洒在土壤表面的一种灌溉方式（图2-29、图2-30）。灌水时水流以较大的流速由微喷头喷出，在空气阻力的作用下粉碎成细小的水滴降落在地面或作物叶面，其雾化程度比喷灌要大，流量比喷灌小，比滴灌大，介于喷灌与滴灌之间。

图2-29　微喷灌在柑橘园的应用　　　图2-30　微喷灌在香蕉园的应用

我国应用微喷灌的历史较短，主要灌溉对象是果树、蔬菜、花卉和草坪，在温室育苗及木耳、蘑菇等菌类种植中也适合采用微喷灌技术。实践表明，微喷灌技术在经济作物特别是果树灌溉中，具有其他灌溉方式所不具备的优点，综合效益显著，其雾化程度高、灌水速率小的特点在菌类种植中非常适用。

（2）滴灌

滴灌就是滴水灌溉技术，它是将具有一定压力的水，由滴灌管道系统输送到毛管，然后通过安装在毛管上的滴头、孔口或滴灌带等灌水器，将水以水滴的方式均匀而缓慢地滴入土壤，以满足作物生长需要的灌溉技术，它是一种局部灌水技术。由于滴头流量小，水分缓慢渗入土壤，因而在滴灌条件下，除紧靠滴头下面的土壤水分处于饱和状态外，其他部位均处于非饱和状态，土壤水分主要借助毛管张力作用入渗和扩散，若灌水时间控制得好，基本没有下渗损失，而且滴灌时土壤表面湿润面积小，有效减少了蒸发损失，节水效果非常明显。

可采用滴灌进行灌溉的作物种类很多，如葡萄、桃、梨、香蕉、苹果、草莓、板栗、柑橘、荔枝、龙眼、茶树等果树和经济树种，番茄、黄瓜、茄子等垄作蔬菜，在盆栽花卉、苗圃上也有很好的应用前景。另外粮食作物如玉米、马铃薯已开始大规模应用滴灌，烟草、芦笋等条播或垄作作物均可使用滴灌系统。滴灌技术发展到现在，已不仅仅是一种高效灌水技术，它与其他施肥、覆膜等农技措施相结合，已成为一种现代化的综合栽培技术（图2-31）。

图 2-31　滴灌技术在各类作物上的应用

（3）涌泉灌溉

涌泉灌溉是通过安装在毛管上的涌水器形成的小股水流，以涌泉方式湿润作物附近土壤的一种灌水形式，也称为小管出流灌溉。涌泉灌溉的流量比滴灌和微喷灌大，一般都超过土壤的入渗速度。为了防止产生地面径流，需要在涌水器附近挖一小水坑或渗水沟以分散水流。涌泉灌溉尤其适合于果园和植树造林林木的灌溉（图2-32）。

图 2-32　涌泉灌溉在香蕉园的应用

（4）渗灌

渗灌技术是继喷灌、滴灌之后的又一节水灌溉技术。渗灌是一种地下微灌形式，是在低压条件下，通过埋于作物根系活动层的灌水器（微孔渗灌管），根据作物的生长需水量定时定量地向土壤中渗水供给作物。渗灌系统全部采用管道输水，灌溉水通过渗灌管直接供给作物根部，地表及作物叶面均保持干燥，作物棵间蒸发减至最小，计划湿润层土壤含水率均低于饱和含水率。因此，渗灌技术水的利用率是目前所有灌溉技术中最高的。渗灌主要适用于地下水较深、地下水及土壤含盐量较低、灌溉水质较好、湿润土层透水性适中的地区。

渗灌技术的优越性在于：地表不见水、土壤不板结、土壤透气性较好、改善生态环境、节约肥料、系统投资低等。统计资料表明，渗灌水的田间利用率可达95%，渗灌比漫灌节水75%、比喷灌节水25%。但缺点是毛管容易堵塞，且易受植物根系的影响。植物根系具有很强的穿透力，尤其是具有趋水性，即根系的生长会朝水分条件较好的方向伸展，因而随着时间的延续，植物根系会在渗灌毛管附近更密集，且有些植物根系会钻进渗灌管的毛细孔内破坏毛管。在地下害虫猖獗的地区，害虫（如金龟子、天牛等）会咬破毛管，导致大面积漏水，最后使系统无法运行。

渗灌技术在我国部分地区的应用已体现出了它的优势，具有较好的推广应用价值，但在技术上还有很多方面需要研究与探索。目前滴灌与微喷灌技术在我国推广应用面积较大，理论与技术也比较成熟。

二、微灌技术的优缺点

（一）滴灌技术的优缺点

1. 滴灌的优点

（1）节约用水，提高水分生产效率

滴灌是局部灌溉方法，它可根据作物的需要精确地进行灌溉，一般比地面灌溉节约用水 30%～50%，有些作物可达 80% 左右，比喷灌省水 10%～20%。主要体现在以下几个方面。

灌溉水只湿润作物主要根系活动区，减少了灌溉下渗损失，同时由于只湿润部分地表，从而大幅度减少了地面蒸发。

滴头的灌水速度一般小于土壤入渗速度，因而避免了径流损失，这一点在低入渗强度或板结的土壤上特别重要。减少径流的另一原因是，作物行间土壤保持干燥，可以充分集蓄天然降雨，提高降雨的田间利用率。

没有水分的漂移损失和输送及喷洒中的蒸发损失。

（2）提高肥料利用率

滴灌系统可以在灌水的同时进行施肥，而且可根据作物的需肥规律与土壤养分状况进行精确施肥和平衡施肥，同时滴灌施肥能够直接将肥液输送至作物主要根系活动层范围内，作物吸收养分快又不产生淋洗损失，减少对地下水的污染。因此滴灌系统不仅能够提高作物产量，而且可以大大减少施肥量，提高肥效（图 2-33、图 2-34）。

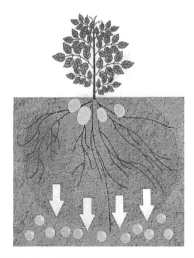

图 2-33　常规灌溉易造成氮的淋洗

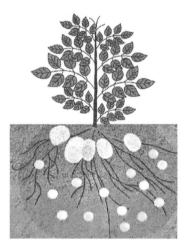

图 2-34　滴灌可以控制养分停留在根区

（3）操作简单，易于实现自动化

滴灌系统比其他任何灌水系统更便于实现自动化控制。滴灌在经济价值高的经济作物区或劳力紧张的地区实现自动化能提高设备利用率，大大节省劳动力，减少操作管理费用，同时可更有效地控制灌溉、施肥数量，减少水肥浪费。

（4）节省能源，减少投资

滴灌系统为低压灌水系统，不需要太高的压力，比喷灌更易实现自压灌溉，而且滴灌系统流量小，降低了泵站的能耗，减少了运行费用。另外，滴灌系统采用管道的管径也较喷灌和微喷灌小，要求工作压力低，管道投资相对较低。

（5）对地形适应能力强

由于滴灌毛管比较柔软，而且滴头有较长的流道或压力补偿装置，对压力变化的灵敏性较小，可以安装在有一定坡度的坡地上，微小地形起伏不会影响其灌水的均匀性，特别适用于山丘坡地等地形条件较复杂的地区。

（6）可开发边际水土资源

沙漠、戈壁、盐碱土壤、荒山荒丘等均可以利用滴灌技术进行种植业开发，滴灌系统也可以利用经处理的污水和微咸水进行灌溉。

（7）其他

滴灌是解决覆膜后灌溉和施肥问题的最佳方法。覆膜栽培有提高地温、减少杂草生长、防止地表盐分累积、减少病害等诸多优点。膜下滴灌已成为一些地区一些作物的标准栽培方法，已得到大面积推广，如新疆的棉花、加工番茄，内蒙古的马铃薯，东北地区的玉米等。

2. 滴灌的缺点

（1）滴头堵塞

使用过程中如管理不当，极易引起滴头的堵塞，滴头堵塞主要是由悬浮物（沙和淤泥）、不溶解盐（主要是碳酸盐）、铁锈、其他氧化物和有机物（微生物）引起。滴头堵塞主要影响灌水的均匀性，堵塞严重时可使整个系统报废。但只要系统规划设计合理，正确使用过滤器就可以大大减少或避免由于堵塞对系统的危害。

（2）盐分积累

在干旱地区采用含盐量较高的水灌溉时，盐分会在滴头湿润区域周边产生积累。这些盐分易于被淋洗到作物根系区域，当种子在高浓度盐分区域发芽时，会带来不良后果。但在我国南方地区，因降水量大，对土壤盐分的淋洗效果良好，能有效阻止高浓度盐分积累区的形成。

（3）影响作物的根系分布

对于多年生果树来说，滴头位置附近根系密度增加，而非湿润区根系因得不到充足的水分供应其生长会受到影响，尤其是在干旱半干旱地区，根系的分布与滴头位置有很大关系。少灌、勤灌的灌水方式会导致树木根系分布变浅，在风力较大的地区可能产生拔根危害。

（4）投资相对较高

与地面灌溉相比，滴灌一次性投资和运行费用相对较高，其投资与作物种植密度、种植自动化程度有关，作物种植密度越大，则投资越高；反之，越小。自动化控制增加了投资，但可降低运行管理费用，选用时要根据实际情况而定。

（二）微喷灌技术的优缺点

微喷灌与地面灌溉相比不仅具有很多优点，而且在某些方面还有喷灌和滴灌不及之处。

1. 微喷灌的优点

（1）水分利用率高，节约用水，增产效果好

微喷灌也属于局部灌溉，因而实际灌溉面积要小于地面灌溉，减少了灌水量，同时微喷灌具有较大的灌水均匀度，不会造成局部的渗漏损失，且灌水量和灌水深度容易控制，可根据作物不同生长期需求规律和土壤含水量状况适时灌水，提高水分利用率，管理较好的微喷系统比喷灌系统用水可减少20%～30%。

微喷灌还可以在灌水过程中喷施可溶性化肥、叶面肥和农药，具有显著的增产作用，尤其对一些花卉、温室育苗、木耳、蘑菇等对温度和湿度有特殊要求的作物增产效果更明显。

（2）灵活性大，使用方便

微喷灌的喷灌强度由单喷头控制，不受邻近喷头的影响，相邻两微喷头间喷洒水量不相互叠加，这样可以在果树不同生长阶段通过更换喷嘴来改变喷洒直径和喷灌强度，以满足果树生长需水量。微喷头可移动性强，根据条件的变化可随时调整其工作位置，如树上、行间或株间等。在有些情况下微喷灌系统还可以与滴灌系统相互转化。

（3）节省能源，减少投资

微喷头也属于低压灌溉，设计工作压力一般在150～200千帕，同时微喷灌系统流量要比喷灌小，因而对加压设施的要求要比喷灌小得多，可节省大量能源，发展自压灌溉对地势高差的要求也比喷灌小。同时由于设计工作压力低，系统流量小，又可减少各级管道的管径，降低管材公称压力，使系统的总投资大大下降。

（4）可调节田间小气候

由于微喷灌水滴雾化程度大，可有效增加近地面空气湿度，在炎热天气可有效

降低田间温度，甚至还可将微喷头移至树冠上，以防止霜冻灾害等。

2. 微喷灌的缺点

一是对水质要求较高。水中的悬浮物等容易造成微喷头的堵塞，因而要求对灌溉水进行过滤。

二是田间微喷灌易受杂草、作物茎秆的阻挡而影响喷洒质量。

三是灌水均匀度受风影响较大。在大于 3 级风的情况下，微喷水滴容易被风吹走，灌水均匀度降低，一般不宜进行灌水。因而微喷头的安装高度在满足灌水要求的情况下要尽可能低一些，以减少风对喷洒的影响。

四是在作物未封行前，微喷灌结合喷肥会造成杂草大量生长。

（三）喷水带灌溉的优缺点

喷水带也称为水带或微喷带，是目前应用非常广泛的一种灌溉设备。其原理是在末级管道上直接开 0.5～1 毫米的微孔出水，在一定的压力下（30～100 千帕），水从孔口喷出，高度几十厘米至 1 米。喷水带无须单独安装出水器，灌水方式大大简化。喷水带规格有 Φ25 毫米、Φ32 毫米、Φ40 毫米、Φ50 毫米四种，单位长度流量为每米每小时 50～150 升。喷水带简单、方便、实用。只要将喷水带按一定的距离铺设到田间就可以直接灌水，收放和保养方便。对灌溉水的要求显著低于滴灌，抗堵塞能力强，一般只需做简单过滤即可使用。工作压力低，能耗少。不受轮灌区面积限制，一般每条水带都安装一个开关，可以根据系统提供压力的大小在现场增加或减少水带的条数，操作非常方便。在生产中，当采用膜下喷水带时则相当于滴灌，目前这种膜下水带的灌溉模式在大棚蔬菜、大田西瓜、草莓、哈密瓜等作物上应用相当普及。在铺喷水带时将出水口朝下，变成类似滴灌湿润作物，这种灌溉形式不仅具有喷水带灌溉本身的主要优点，同时也具有滴灌的优点，如灌水均匀，不伤害作物，并保持良好的土壤性状等。为了保证均匀灌溉，一般要控制水带的铺设长度。总体讲流量越大，管径越小，则铺设长度越短。

利用喷水带灌溉也有一定的局限性。在作物生长初期，由于作物还没有封行，当使用喷水带进行灌溉尤其是将灌溉与施肥结合时，一方面很容易滋生杂草，从而影响作物的正常生长，另一方面又加大了水、肥资源的浪费。喷水带的直径较大，当喷水带的开口数较多时，会使单位长度的流量加大，减少最大铺设长度，同时也影响喷水带出水均匀性。在高温季节，特别是在南方，在作物生长期间容易形成高温、高湿环境，引发病虫害的发生、传播等。喷水带在田间的应用受地形的影响较大，它要求地块相对平整，否则可能影响出水的均匀性。

三、微灌设备

(一) 灌水器

微灌系统的灌水器包括滴头、微喷头、涌水器、渗灌管等，其作用是把管道内的压力水流均匀而又稳定地灌到作物根区附近的土壤中。因此，灌水器质量的好坏直接影响到微灌系统的寿命及灌水质量的高低。灌水器种类繁多，各有其特点，适用条件也各有差异。

1. 灌水器的种类与结构特点

微灌系统的灌水器根据结构和出流形式不同主要有滴头、滴灌管、滴灌带、微喷头、涌水器、渗灌管等。

(1) 滴头

滴头是通过流道或孔口将毛管中的压力水流变成水滴或细流的装置。其要求工作压力为 50～120 千帕，流量为 0.6～12 升/时。滴头制造质量的好坏对灌水质量影响很大。因此滴头应满足以下要求：①精度高，一般要求滴头的制造偏差系数 C_v 值应控制在 0.07 以下；②出水量小而稳定，受水压变化的影响较小；③抗堵塞性能强；④结构简单，便于制造、安装、清洗；⑤抗老化性能好，耐用，价格低廉。

滴头的分类方法很多，按滴头与毛管的连接方式可分为管上式滴头、内嵌式滴头和滴灌带管；按滴头流态可分为层流式滴头和紊流式滴头；按滴头的消能方式分类，则可分为长流道型滴头、孔口型滴头、涡流型滴头、压力补偿式滴头。

长流道型滴头：是靠水流在流道壁内的沿程阻力来消除能量，调节出水量的大小。如微管滴头、内螺纹管式滴头等。内螺纹管式滴头利用两端倒刺结构连接于两段毛管中间，本身成为毛管的一部分，水流绝大部分通过滴头体腔流向下一段毛管，而很少一部分则通过滴头体内螺纹流道流出（图 2-35）。

孔口型滴头：是通过特

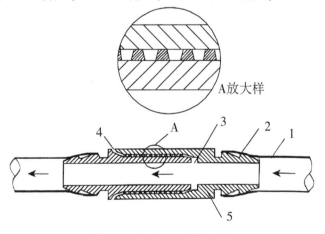

1-毛管；2-滴头；3-滴头出水口；
4-螺纹流道槽；5-流道。

图 2-35 内螺纹管式滴头

殊的孔口结构以产生局部水头损失来消能和调节滴头流量的大小。其原理是毛管中有压水流经过孔口收缩、突然变大及孔顶折射 3 次消能后，连续的压力水流变成水滴或细流，如图 2-36 所示。

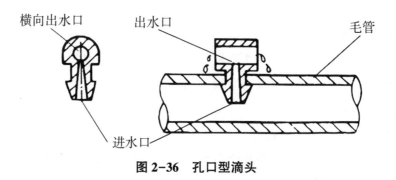

图 2-36　孔口型滴头

涡流型滴头：是当水流进入灌水器的涡流室内时形成涡流，通过涡流达到消能和调节出水量的目的。水流进入涡室内，由于水流旋转产生的离心力迫使水流趋向涡流室的边缘，在涡流中心产生一低压区，使位于中心位置的出水口处压力较低，从而调节出流量，如图 2-37 所示。

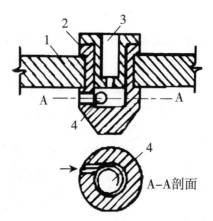

1-毛管；2-滴头体；3-出水口；4-涡流室。

图 2-37　涡流型滴头

压力补偿型滴头：是利用有压水流对滴头内的弹性体产生压力变形，通过弹性体的变形改变过水断面的面积，从而达到调节滴头流量的目的（图 2-38）。也就是当压力增大时，弹性体在压力作用下会对出流口产生部分阻挡作用，减小过水断面积，而当压力减小时，弹性体会逐渐恢复原状，减小对出流口的阻挡，增大过水断面积，从而使滴头出流量自动保持稳定。一般压力补偿式滴头只有在压力较高时保证出流量不会增加，但当压力低于工作压力时，则不会增加滴头流量，因而在滴灌设计时要保证最不利灌溉点的压力满足要求，压力最高处也不能超过滴头的压力补偿范围，否则必须在管道中安装压力调节装置。

图 2-38　压力补偿式滴头及工作原理

（2）滴灌管

滴灌管是在制造过程中将滴头与毛管一次成型为一个整体的灌水装置，它兼具输水和滴水两种功能。按滴灌管（带）的结构可分为两种。在毛管制造过程中，将预先制造好的滴头镶嵌在毛管内的滴灌管称为内镶式滴灌管。内镶式滴灌管有片式滴灌管和管式滴灌管两种。

片式滴灌管是指毛管内部装配的滴头仅为具有一定结构的小片，与毛管内壁紧密结合，每隔一定距离（即滴头间距）装配一个，并在毛管上与滴头水流出口对应处开一小孔，使已经过消能的细小水流由此流出进行灌溉（图 2-39）。

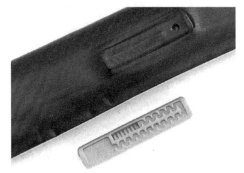

图 2-39　内镶贴片式滴灌管

管式滴灌管是指内部镶嵌的滴头为一柱状结构，根据结构形式又分为紊流迷宫式滴灌管、压力补偿型滴灌管、内镶薄壁式滴灌管和短道迷宫式滴灌管。

紊流迷宫式滴灌管以欧洲滴灌公司（Eurodrip）1979 年设计生产的冀-2 型（GR）最具代表性，该滴头呈圆柱形，用低密度聚乙烯（LDPE）材料注射成型，外壁有迷宫流道，当水流通过时产生紊流，最后水流从对称布置在流道末端的水室上的两个孔流出（图2-40）。

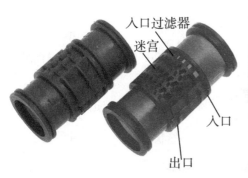

图2-40　紊流迷宫式滴灌管

图2-41　圆柱形压力补偿式滴灌管

压力补偿型滴灌管是为适应大田作物中地块直线距离较长且地势起伏大的需要而设计的，它的滴头具有压力自动补偿功能，能在8～45米水头工作压力范围内保持比较恒定的流量，有效长度可达400～500米。它是在固定流道中，用弹性柔软的材料作为压差调节元件，构成一段横断面可调流道，使滴头流量保持稳定，采用的形式有长流道补偿式、鸭嘴形补偿式、弹片补偿式和自动清洗补偿式等（图2-41）。

（3）薄壁滴灌带

目前国内使用的薄壁滴灌带有两种。一种是在0.2～1.0毫米厚的薄壁软管上按一定间距打孔，灌溉水由孔口喷出湿润土壤；另一种是在薄壁管的一侧热合出各种形状的流道，灌溉水通过流道以水滴的形式湿润土壤，称为单翼迷宫式滴灌管（图2-42）。

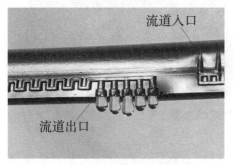

图2-42　单翼迷宫滴灌管

（4）微喷头

微喷头是将压力水流以细小水滴喷洒在土壤表面的灌水器。微喷头的工作压力一般为 50～350 千帕,其流量一般不超过 250 升/时,射程一般小于 7 米。微喷头是微喷灌系统中的主要部件,其质量的好坏直接关系到喷洒质量,因而较好的微喷头应满足以下基本要求。一是制造精度高。由于微喷头流道尺寸较小,且对流量和喷洒特性的影响较大,因而微喷头的制造偏差系数 C_v 应不大于 0.11。二是微喷头原材料要具有较高的热稳定性和光稳定性。微喷头除了温室和塑料大棚外,基本上都是露天工作,为保证运行的可靠性,所使用的材料应在温度变化时不产生明显的变形,旋转机构耐磨,具有良好的自润滑性;为延长其使用寿命,所用材料还要有较好的抗老化性。三是微喷头及配件在规格上要有系列性和较高的可选择性。由于微喷灌是一种局部灌溉,其喷洒的水量分布、喷洒特性、喷灌强度等均由单个喷头决定,一般不进行微喷头间的组合,因而对不同的作物、土壤和地块形状,要求不同喷洒特性的微喷头进行灌水,在同一作物(尤其是果树)的不同生长阶段,对灌水量及喷洒范围等都有不同的要求,因而微喷头要求产品在流量、灌水强度及喷洒半径等方面有较好的系列性,以适应不同作物和不同场合。

微喷头按其结构和工作原理,可以分为射流式、离心式、折射式和缝隙式四类。其中折射式、缝隙式、离心式微喷头没有旋转部件,属于固定式喷头;射流式喷头具有旋转或运动部件,属于旋转式微喷头。

折射式微喷头:主要由喷嘴、折射破碎机构和支架三部分构成,如图 2-43 所示。其工作原理是水流由喷嘴垂直向上喷出,在折射破碎机构的作用下,水流受阻改变方向,被分散成薄水层向四周射出,在空气阻力作用下形成细小水滴喷洒到土壤表面,喷洒图形有全圆、扇形、条带状、放射状水束或呈雾化状态等。折射式微喷头又称为雾化微喷头,其工作压力一般为 100～350 千帕,射程为 1.0～7.0 米,流量为 30～250 升/时。折射式微喷头的优点是结构简单,没有运动部件,工作可靠,价格便宜;缺点是由于水滴太小,在空气十分干燥、温度高、风力较大且多风的地区,蒸发漂移损失较大。

缝隙式微喷头:一般由两部分组成,下部是底座,上部是带有缝隙的盖,如图 2-44 所示。其工作

图 2-43　折射式微喷头

图 2-44　缝隙式微喷头

63

原理是水流从缝隙中喷出的水舌在空气阻力作用下，裂散成水滴的微喷头，缝隙式微喷头从结构来说实际上也是折射式微喷头，只是折射破碎机构与喷嘴距离非常近，形成一个缝隙。

离心式微喷头：主要由喷嘴、离心室和进水口接头构成，如图2-45所示。其工作原理是：压力水流从切线方向进入离心室，绕垂直轴旋转，通过离心室中心的喷嘴射出，在离心力的作用下呈水膜状，在空气阻力的作用下水膜被粉碎成水滴散落在微喷头四周。离心式微喷头具有结构简单、体积小、工作压力低、雾化程度高、流量小等特点。喷洒形式一般为全圆喷洒，由于离心室流道尺寸可设计得比较大，减少了堵塞的可能性，从而对过滤的要求较低。

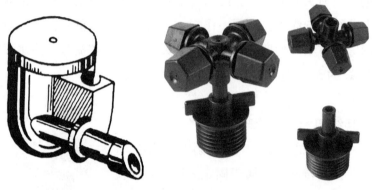

图 2-45　离心式微喷头

射流式微喷头：又称为旋转式微喷头，主要由折射臂、支架、喷嘴和连接部件构成，见图2-46。其工作原理是压力水流从喷嘴喷出后，集中成一束，向上喷射到一个可以旋转的单向折射臂上，折射臂上的流道形状不仅改变了水流的方向，使水

图 2-46　射流式微喷头

流按一定喷射仰角喷出，而且还使喷射出的水舌对折射臂产生反作用力，对旋转轴形成一个力矩，使折射臂做快速旋转，进行旋转喷洒，故此类微喷头一般均为全圆喷洒。射流式微喷头的工作压力一般为100～200千帕，喷洒半径较大，为1.5～7.0米，流量为45～250升/时，灌水强度较低，水滴细小，适合于果园、茶园、苗圃、蔬菜、城市园林绿地等的灌溉。但由于有运动部件，加工精度要求较高，并且旋转部件容易磨损，大田应用时由于受太阳光照射容易老化，致使旋转部分运转受影响，因此，此类微喷头的主要缺点是使用寿命较短。

2. 灌水器的结构参数和水力性能参数

结构参数和水力性能参数是微灌灌水器的两个主要技术参数。结构参数主要指灌水器的几何尺寸，如流道或孔口的尺寸、流道长度及滴灌带的直径和壁厚等。水力性能参数主要指灌水器的流量、工作压力、流态指数、制造偏差系数，对于微喷头还包括射程、喷灌强度、水量分布等。表2-5列出了各类微灌灌水器的结构与水力性能参数。

表 2-5　微灌灌水器技术参数

种类	结构参数				水力性能参数					
	孔口直径（毫米）	流道长度（厘米）	孔口间距（厘米）	带管直径（毫米）	带管壁厚（毫米）	工作压力（千帕）	流量（升/时）	流态指数 X	制造偏差系数 C_v	射程（米）
滴头	0.5～1.2	30～50				50～100	1.5～12	0.5～1.0	<0.07	
滴带管	0.5～0.9	30～50	30～100	10～16	0.2～1.0	50～100	1.5～30	0.5～1.0	<0.07	
微喷头	0.6～2.0					70～200	20～250	0.5	<0.07	
涌水器	2.0～4.0					40～100	80～250	0.5～0.7	<0.07	0.5～4.0
渗灌管				10～20	0.9～1.3	40～100	2～5	0.5	<0.07	
压力补偿型								0～0.5	<0.07	

（二）过滤器与过滤设施

微灌系统由于灌水器的流道或孔口直径比较小，滴头为0.5～1.2毫米，滴灌管（带）为0.5～0.9毫米，微喷头为0.6～2.0毫米，渗灌管则非常细小，容易发生堵塞，因而微灌系统对灌溉水的水质、通过系统所施用的肥料都有较高的要求。水源中的难溶矿物质、有机颗粒、肥料中的不溶杂质等各种污物和杂质进入微灌系统都有可能引起微灌水器及管路的堵塞。为了能使灌水器正常工作，所以灌溉水肥必须过滤后才能进入田间灌溉系统。过滤设备的选择和工作性能是至关重要的。如果过滤设备选择失误，导致灌水器堵塞，会引起配水不均和系统性能下降，甚至造成整个灌溉系统瘫痪，这样就不得不耗费大量人力和财力来排除堵塞或重建系统。

灌溉水中所含污物及杂质有物理、化学和生物三大类。物理污物及杂质是悬浮在水中的有机或无机的颗粒。有机物质主要有死的水藻、鱼、枝叶等动植物残体。无机杂质主要是黏粒和沙粒。

化学污物和杂质是指溶于水中的某些化学物质，在条件改变时会变成不溶的固体沉淀物，堵塞灌水器。生物污物和杂质主要包括活的菌类、藻类等微生物和水生动物等，它们进入系统后可能繁殖生长，减小过水断面，堵塞系统。

对于灌溉水中物理杂质的处理主要采取拦截过滤的方法，常见的有拦污栅（网）、沉淀池和过滤器。过滤设备根据所用的材料和过滤方式可分为：筛网式过滤器、叠片式过滤器、砂石过滤器、离心分离器、自净式网眼过滤器、沉沙池、拦污栅（网）等。在选择过滤设备时要根据灌溉水源的水质、水中污物的种类、杂质含量，结合各种过滤设备的规格、特点及本身的抗堵塞性能，进行合理的选取。

过滤器并不能解决化学和微生物堵塞问题，对水中的化学和生物污物、杂物可以采取在灌溉水中注入某些化学药剂的办法以溶解沉淀和杀死微生物。如在含泥较多的蓄水塘或蓄水池中加入 0.1% 的沸石 10 小时左右，可以将泥泞沉积到池底，水变清澈。对容易长藻类的蓄水池可以加入硫酸铜等杀灭藻类。

1. 筛网式过滤器

筛网式过滤器是微灌系统中应用最为广泛的一种简单而有效的过滤设备，它的过滤介质有塑料、尼龙筛网或不锈钢筛网。

（1）适用条件

筛网式过滤器主要作为末级过滤，当灌溉水质不良时则连接在主过滤器（砂砾或水力回旋过滤器）之后，作为控制过滤器使用。主要用于过滤灌溉水中的粉粒、沙和水垢等污物，当有机物含量较高时，这种类型的过滤器的过滤效果很差，尤其是当压力较大时，有机物会从网眼中挤过去，进入管道，造成系统与灌水器的堵塞。筛网式过滤器一般用于二级或三级过滤（即与砂石分离器或砂石过滤器配套使用）。

（2）分类

筛网过滤器的种类很多，按安装方式分类有立式和卧式两种；按清洗方式分类有人工清洗和自动清洗两种；按制造材料分类有塑料和金属两种；按封闭与否分类有封闭式和开敞式（又称自流式）两种。

（3）结构

筛网过滤器主要由筛网、壳体、顶盖等部分组成，如图2-47、图2-48所示。

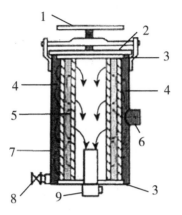

1-过滤闸门；2-过滤器盖；3-密封胶垫；4-外过滤网；
5-内过滤网；6-进水口；7-壳体；8-冲洗阀；9-出水口。

图2-47 筛网过滤器

图2-48 筛网式过滤器外观及滤芯

筛网的孔径大小（即网目数）决定了过滤器的过滤能力，由于通过过滤器筛网的污物颗粒会在灌水器的孔口或流道内相互拥挤在一起而堵塞灌水器，因而一般要求所选用的过滤器的滤网的孔径大小应为所使用的灌水器孔径的1/10～1/7。

过滤器孔径大小的选择要根据所用灌水器的类型及流道断面大小而定。同时由于过滤器减小了过流断面，存在一定的水头损失，在进行系统设计压力的推算时一定要考虑过滤器的压力损失范围，否则当过滤器发生一定程度的堵塞时会影响系统的灌水质量。一般来说，喷灌要求 40～80 目过滤，微喷要求 80～100 目过滤，滴灌要求 100～150 目过滤。但过滤目数越大，压力损失越大，能耗越多。

2. 叠片式过滤器

叠片式过滤器是由大量的很薄的圆形叠片重叠起来，并锁紧形成一个圆柱形滤芯，每个圆形叠片的两个面分布着许多滤槽，当水流经过这些叠片时，利用盘壁和滤槽来拦截杂质污物，这种类型的过滤器过滤效果要优于筛网式过滤器，其过滤能力在 40～400 目可用于初级和终级过滤，但当水源水质较差时不宜作为初级过滤，否则清洗次数过多，反而带来不便（图 2-49 至图 2-51）。

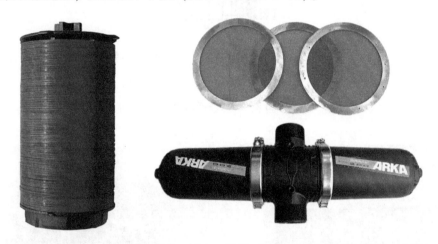

图 2-49　叠片式过滤器的滤芯（左）、叠片（右上）和过滤器外观（右下）

图 2-50　各种叠片式及网式
　　　　　过滤器滤芯及外观

图 2-51　自动反冲洗叠片式过滤器

3. 离心式过滤器

离心式过滤器又称为旋流水砂分离过滤器或涡流式水砂分离器。它是由高速旋转水流产生的离心力，将砂粒和其他较重的杂质从水体中分离出来，其内部没有滤网，也没有可拆卸的部件，保养维护很方便。这类过滤器主要应用于高含砂量水源的过滤，当水中含砂量较大时，应选择离心式过滤器为主过滤器。离心式过滤器由进水口、出水口、旋涡室、分离室、储污室和排污口等部分组成（图2-52）。

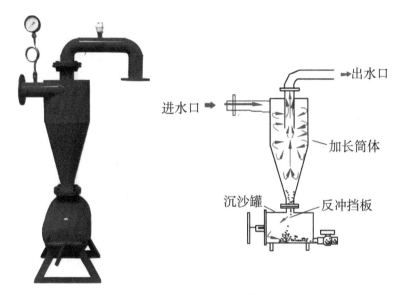

图2-52 离心式过滤器

离心式过滤器的工作原理是压力水流从进水口以切线方向进入旋涡室后做旋转运动，水流在做旋转运动的同时也在重力作用下向下运动，在旋流室内呈螺旋状运动，水中的泥沙颗粒和其他固体物质在离心力的作用下被抛向分离室壳壁上，在重力作用下沿壁面渐渐向下移动，向储污室中汇集。在储污室内断面增大，水流速度下降，泥沙颗粒受离心力作用减小，受重力作用加大，最后沉淀下来，再通过排污管出过滤器。而在旋涡中心的净水速度比较低，位能较高，于是螺旋运行上升经分离器顶部的出水口进入灌溉管道系统。

只有在一定的流量范围内，离心式过滤器才能发挥出应有的净化水质的效果，因而对那些分区大小不一、各区流量不均的灌溉系统，不宜选用此种过滤器。离心式过滤器正常运行条件下的水头损失应在3.5～7.7米范围内，若水头损失小于3.5米，则说明流量太小而形成不了足够的离心力，将不能有效分离出水中的杂质。只要通过离心式过滤器的流量保持恒定，则其水头损失也是恒定的，并不像网式和砂石过滤器那样，随着滤出的杂质增多其水头损失也随之增大。

离心式过滤器因其是利用旋转水流的离心作用使水沙分离而进行过滤的，因而对高含沙水流有较理想的过滤效果，但是较难除去与水密度相近和密度比水小的杂质，因而有时也称为砂石分离器。另外在水泵启动和停机时由于系统中水流流速较小，过滤器内所产生的离心力小，其过滤效果较差，会有较多的砂粒进入系统，因而离心式过滤器一般不能单独承担微灌系统的过滤任务，必须与筛网式或叠片式过滤器结合运用，以水砂分离器作为初级过滤器，用筛网式或叠片式过滤器作为二级过滤器，这样会起到较好的过滤效果，延长冲洗周期。离心式过滤器底部的储污室必须频繁冲洗，以防沉积的泥沙再次被带入系统。离心式过滤器有较大的水头损失，在选用和设计时一定要将这部分水头损失考虑在内（图 2-53）。

图 2-53 离心式过滤器与筛网过滤器组合使用

4. 砂石过滤器

砂石过滤器又称砂介质过滤器。它是利用砂石作为过滤介质进行过滤的，一般选用玄武岩砂床或石英砂床，砂砾的粒径大小根据水质状况、过滤要求及系统流量确定。砂石过滤器对水中的有机杂质和无机杂质的滤出和存留能力很强，并可不间断供水。当水中有机物含量较高时，无论无机物含量有多少，均应选用砂石过滤器。砂石过滤器的优点是过滤能力强，适用范围很广，不足之处在于占的空间比较大、造价比较高。其一般用于地表水源的过滤，使用时根据出水量和过滤要求可选择单一过滤器或两个以上的过滤器组进行过滤。

砂石过滤器主要由进水口、出水口、过滤器壳体、过滤介质砂砾和排污孔等部分组成，其形式见图 2-54。工作原理是当水由进水口进入过滤器并经过砂石过滤床时，因过滤介质间的孔隙曲折而又小，水流受阻流速减小，水源中所含杂质就会被阻挡而沉淀或附着到过滤介质表面，从而起到过滤作用，经过滤后的干净水从出水口进入灌溉管道系统。当过滤器两端压力差超过 30～50 千帕时，说明过滤介质被污物堵塞严重，需要进行反冲洗，反冲洗是通过过滤器控制阀门，使水流产生逆向流动，将以前过滤阻拦下来的污物通过排污口排出。为了使灌溉系统在反冲洗过程中也能同时向系统供水，常在首部枢纽安装两个上过滤器，其工作过程如图 2-55 所示。

图 2-54　砂石过滤器

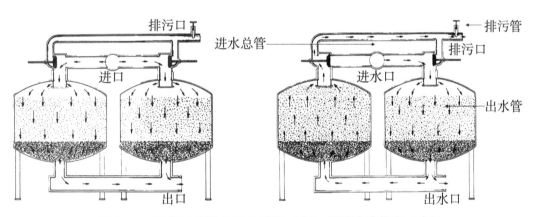

图 2-55　砂石过滤器的工作状态（左）和反冲洗状态（右）

砂石过滤器的过滤能力主要决定于所选用的砂石性质及粒径级配，不同粒径级配的砂石其过滤能力不同，同时由于砂石与灌溉水充分接触，且在反冲洗时会产生摩擦。因此，砂石过滤器用砂应满足以下要求：具有足够的机械强度，以防反冲洗时砂粒产生磨损和破碎现象。砂具有足够的化学稳定性，以免砂粒与化肥、农药、水处理用酸、碱等化学物品发生化学反应，产生引起微灌堵塞的物质，更不能产生对动物、植物有毒害作用的物质。具有一定颗粒级配和适当孔隙率。尽量就地取材，且价格便宜。

5. 自制过滤设备

在自压灌溉系统，包括扬水自压灌溉系统中，管道入水口处的压力都是很小的，在这种情况下如果直接将上述任何一种过滤器安装在管道入水口处，则会由于压力过小而使过滤器中流量很小，不能满足灌溉要求。如果安装过多的过滤器，不仅使设计安装过于复杂，而且会大大增加系统投资，此时只要自行制作一个简单的管道入口过滤设备，既可完全满足系统过滤要求，也可达到系统流量要求，而且投资很小。下面介绍一种适用于扬水自压灌溉的过滤设备。

扬水自压灌溉系统在丘陵地区应用非常广泛，一般做法是在灌区最高处修建水池，利用水泵扬水至水池，然后利用自然高差进行灌溉，这种灌溉系统干管直接与水池相接，根据这种特点，自制过滤器可按下列步骤完成，干管管径以 $\Phi90$ 毫米为例。

1）截取长约 1 米的 $\Phi110$ 毫米或 $\Phi90$ 毫米 PVC 管，在管上均匀钻孔，孔径在 40～50 毫米，孔间距控制在 30 毫米左右，孔间距过大，则总孔数太少，过流量会减少，孔间距过小，则会降低管段的强度，易遭破坏，制作时应引起注意，其结构如图 2-56 所示。

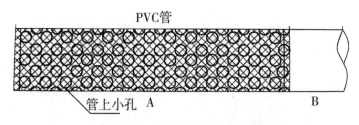

图 2-56 自制过滤器结构示意

2）根据灌溉系统类型购买符合要求的滤网，喷灌 80 目，微喷灌 100 目，滴灌 120 目，为保证安全耐用，建议购买不锈钢滤网，滤网大小要以完全包裹钻孔的 $\Phi110$ 毫米 PVC 管为宜，也可多购一些，进行轮换拆洗。

3）滤网包裹。将滤网紧贴管外壁包裹 1 周，并用铁丝或管箍扎紧，防止松落。特别要注意的是，整个管段（包括 A 端管口）除图 2-56 中 B 端不包裹外，其余部位应全部用滤网包住，防止水流不经过滤网直接进入管道，如果对 A 端管口进行包裹时觉得有些不便操作，则可以用管堵直接将其堵死，仅在管臂包裹滤网即可。

4）通过 B 端与输水干管的连接，此过滤设备最好用活接头、管螺纹或法兰与干管连接，以利于拆洗及检修。

此过滤设备个数可根据灌溉系统流量要求确定，且在使用过程中要定期检查清洗滤网，否则也会因严重堵塞造成过流量减小，影响灌溉质量。

6. 拦污栅（网）

很多灌溉系统以地表水作为水源，如河流、塘库等，这些水体中常含有较大体积的杂物，如枯枝残叶、藻类、杂草及其他较大的漂浮物等，为防止这些杂物进入沉淀池或蓄水池中，增加过滤器的负担，常在蓄水池进口或水源中水泵进口处安装一种网式拦污栅（图2-57），作为灌溉水源的初级净化处理设施。拦污栅构造简单，可以根据水源实际情况自行设计和制作。

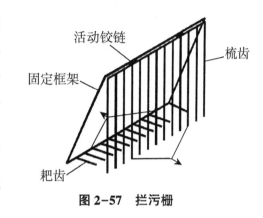

图2-57　拦污栅

7. 沉沙池

沉沙池是灌溉用水水质净化初级处理设施之一，尽管是一种简单而又古老的水处理方法，但却是解决多种水源水质净化问题的有效而又经济的一种处理方式（图2-58、图2-59），沉沙池的作用表现在两个方面。

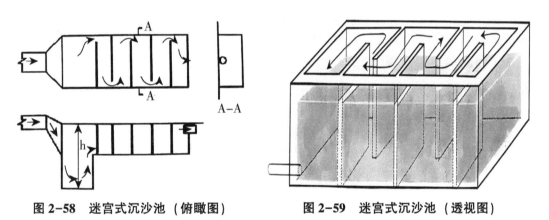

图2-58　迷宫式沉沙池（俯瞰图）　　　图2-59　迷宫式沉沙池（透视图）

（1）清除水中存在的固体物质

当水中含泥沙太多时，使用的筛网过滤器和介质过滤器将因频繁冲洗而失去作用，此种情况下设沉沙池可起初级过滤作用。

（2）去除铁物质

溶解在地下水中的二氧化碳，在沉沙池中因压力降低及水温升高而逸出，水的pH值增大，引起铁物质的氧化和沉淀。一般水中含沙量超过200毫克/升或水中含有氧化铁，均需修建沉沙池进行水质处理。沉沙池设计应遵循以下原则：①灌溉系统的取水口尽量远离沉沙池的进水口。②在灌溉季节结束后，沉沙池必须能保证清除掉所沉积的泥沙。③灌溉系统尽量提取沉沙池的表层水。④在满足沉沙速度和沉沙面积的前提下，应建窄长形沉沙池，这种形状的沉沙池比方形沉沙池的沉沙效果好。⑤从过滤器反冲出的水应回流至沉沙池，但其回水口应尽量远离灌溉系统的取水口。

（三）微灌管道及管件

微灌用管道系统分为输配干管、田间支管和连接支管与灌水器的毛管，对于固定式微灌系统的干管与支管以及半固定式系统的干管，由于管内流量较大，常年不动，一般埋于地下，因而其材料的选用与喷灌系统相同，只是因微灌系统工作压力较喷灌系统低，所用管材的压力等级稍低。常用的地埋管道可参考喷灌系统确定，在我国生产实践中应用最多的是硬塑料管（PVC），在这里不再赘述。除了以上提到的地埋固定管道以外，微灌系统的地面用管较多，由于地面管道系统暴露在阳光下容易老化，缩短使用寿命，因而微灌系统的地面各级管道常用抗老化性能较好，有一定柔韧性的高密度聚乙烯管（HDPE），尤其是微灌用毛管，基本上都用聚乙烯管，其规格有Φ12毫米、Φ16毫米、Φ20毫米、Φ25毫米、Φ32毫米、Φ40毫米、Φ50毫米、Φ63毫米等，其中Φ12毫米、Φ16毫米主要作为滴灌管用。连接方式有内插式、螺纹连接和螺纹锁紧式3种，内插式用于连接内径标准的管道，螺纹锁紧式用于连接外径标准的管道，螺纹连接式用于PE管道与其他材质管道的连接（图2-60、图2-61）。

图2-60　微灌用聚乙烯（PE）管材

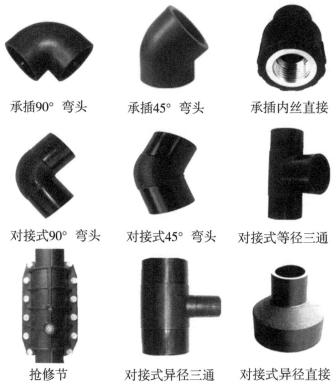

承插90° 弯头 承插45° 弯头 承插内丝直接

对接式90° 弯头 对接式45° 弯头 对接式等径三通

抢修节 对接式异径三通 对接式异径直接

图2-61 微灌用聚乙烯（PE）管件

微灌用的管件主要有直通、三通、旁通、管堵、胶垫。直通用于两条管的连接，有12毫米、16毫米、20毫米、25毫米等规格。从结构分类分别有承插直通（用于壁厚的滴灌管）、拉扣直通和按扣直通（用于壁薄的滴灌管）、承插拉扣直通（一端是倒刺，另一端为拉扣，用于薄壁与厚壁管的连接）。三通用于3条滴灌管的连接，规格和结构同直通。旁通是用于输水管（PE或PVC）与滴灌管的连接，有12毫米、16毫米、20毫米等规格，有承插和拉扣两种结构。管堵是封闭滴灌管尾端的配件，有"8"字形（用于厚壁管）和拉扣形（用于薄壁管）。胶垫通常与旁通一起使用，压入PVC管材的孔内，然后安装旁通，这样可以防止接口漏水。

第三节 施肥设备

水肥一体化技术中常用到的施肥设备主要有：旁通施肥罐、文丘里施肥器、泵吸肥法、泵注肥法、自压重力施肥法、施肥机等。下面对各种施肥设备的性能、用法等作详细介绍。

一、旁通施肥罐

(一) 基本原理

旁通施肥罐也称为压差式施肥罐，由两根细管（旁通管）与主管道相连接，在主管道上两条细管接点之间设置一个节制阀（球阀或闸阀）以产生一个较小的压力差（1～2米水压），使一部分水流流入施肥罐，进水管直达罐底，水溶解罐中肥料后，肥料溶液由另一根细管进入主管道，将肥料带到作物根区（图 2-62、图 2-63）。

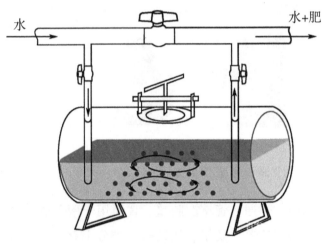

图 2-62 旁通施肥罐示意

图 2-63 田间应用的立式金属施肥罐

肥料罐是用抗腐蚀的陶瓷衬底或镀锌铸铁、不锈钢或纤维玻璃做成，以确保经得住系统的工作压力和抗肥料腐蚀。在低压滴灌系统中，由于压力低（约 10 米水压），也可用塑料罐。固体可溶肥料在肥料罐里逐渐溶解，液体肥料则与水快速混合。随灌溉进行，肥料不断被带走，肥料溶液不断被稀释，养分浓度越来越低，最后肥料罐里的固体肥料都流走了。该系统较简单、便宜，不需要用外部动力就可以达到较高的稀释倍数。然而，该系统也存在一些缺陷，如无法精确控制灌溉水中的肥料注入速率和养分浓度，每次灌溉之前都得重新将肥料装入施肥罐内。节流阀增加了压力的损失，而且该系统不能用于自动化操作。

肥料罐常做成 10～300 升的规格。一般温室大棚小面积地块用体积小的施肥罐，大田轮灌区面积较大的地块用体积大的施肥罐（图 2-64）。

图2-64 大棚应用的塑料低压施肥罐（左）和大田应用的塑料耐压施肥罐（右）

（二）旁通施肥罐的优缺点

1. 旁通施肥罐的优点

设备成本低，操作简单，维护方便。适合施用液体肥料和水溶性固体肥料，施肥时不需要外加动力。设备体积小，占地少。

2. 旁通施肥罐的缺点

为定量化施肥方式，施肥过程中的肥液浓度不均一。易受水压变化的影响。存在一定的水头损失，移动性差，不适宜用于自动化作业。锈蚀严重，耐用性差。由于罐口小，倒肥不方便。特别是轮灌区面积大时，每次的肥料用量大，而罐的体积有限，需要多次倒肥，降低了工作效率。

3. 旁通施肥罐的适用范围

旁通施肥罐适用于包括温室大棚、大田种植等多种形式的水肥一体化灌溉施肥系统。对于不同压力范围的系统，应选用不同材质的施肥罐，因不同材质的施肥罐的耐压能力不同。

（三）旁通施肥罐的安装及运行

1. 旁通施肥罐的安装

旁通施肥罐是水肥一体化灌溉施肥系统的一种重要的施肥形式。一般而言，旁通施肥罐安装在灌溉系统的首部，过滤器和水泵之间。安装时，沿主管水流方向，连接两个异径三通，并在三通的小口径端装上球阀，将上水端与旁通施肥罐的一条细管相连（此管必须延伸至施肥罐底部，便于溶解和稀释肥料），主管下水口端与旁通施肥罐的另一细管相连（图2-62）。

2. 旁通施肥罐的运行

旁通罐的操作运行顺序如下。

1）根据各轮灌区具体面积或作物株数（如果树）计算好当次施肥的数量。称好或量好每个轮灌区的肥料。

2）用两根各配一个阀门的管子将旁通管与主管接通，为便于移动，每根管子上可配用快速接头。

3）将液体肥料直接倒入施肥罐，若用固体肥料则应先行单独溶解并通过滤网注入施肥罐。有些用户将固体肥直接投入施肥罐，使肥料在灌溉过程中溶解，这种情况下用较小的罐即可，但要5倍以上的水量以确保所有肥料被用完。

4）注完肥料溶液后，扣紧罐盖。

5）检查旁通管的进出口阀均关闭而节制阀打开，然后打开主管道阀门。

6）打开旁通进出口阀，然后慢慢地关闭节制阀，同时注意观察压力表，得到所需的压差（1～3米水压）。

7）对于有条件的用户，可以用电导率仪测定施肥所需时间。否则用Amos Teitch的经验公式估计施肥时间。施肥完毕后关闭进出口阀门。

8）要施下一罐肥时。必须排掉罐内的部分积水。在施肥罐进水口处应安装一个1/2英寸（1英寸=2.54厘米）的进排气阀或1/2英寸的球阀。打开罐底的排水开关前，应先打开排气阀或球阀，否则水排不出去。

3. 旁通施肥罐施肥时间监测方法

旁通施肥罐是按数量施肥方式，开始施肥时流出的肥料浓度高，随着施肥进行，罐中肥料越来越少，浓度越来越稀。阿莫斯特奇（Amos Teitch）总结了罐内不断降低的溶液浓度的规律，即在相当于4倍罐容积的水流过罐体后，90%的肥料已进入灌溉系统（但肥料应在一开始就完全溶解），流入罐内的水量可用罐入口处的流量表来测量。灌溉施肥的时间取决于肥料罐的容积及其流出速率：

$$T = 4V/Q$$

式中：T为施肥时间（时），V为肥料罐容积（升），Q为流出液速率（升/时）。即120升肥料溶液需480升水注入肥料罐中才能把肥料全部带入灌溉系统中。

因为施肥罐的容积是固定的，当需要加快施肥速度时，必须使旁通管的流量增大。此时要把节制阀关得更紧一些。Amos Teitch公式是在肥料完全溶解的情况下获得的一个近似公式。在田间情况下很多时候用固体肥料（肥料量不超过罐体的

1/3），此时肥料被缓慢溶解。用等量的氯化钾和硝酸钾肥料在完全溶解和固体状态两种情况下倒入施肥罐，比较在相同压力和流量下的施肥时间。用监测滴头处灌溉水的电导率的变化来判断施肥的时间，当水中电导率达到稳定后表明施肥完成。将50千克固体（或溶解后）硝酸钾或氯化钾倒入施肥罐，罐容积为 220 升。每小时流入罐的水量为 1 600 升，主管流量为 37.5 米³/时，通过施肥罐的压力差为 0.18 千克/厘米²。灌溉水温度 30℃。图 2-65 和图 2-66 给出了两种钾肥的比较结果。

图 2-65 和图 2-66 表明，在流量压力用量相同的情况下，不管是直接用固体肥料，还是将其溶解后放入施肥罐，施肥的时间基本一致。两种肥料大致在 40 分钟施完。施肥开始后约 10 分钟滴头处才达到最大浓度，这与测定时轮灌区面积有关（施肥时面积约 150 亩）。面积越大，开始施肥时肥料要走的路程越远，需要的时间越长。

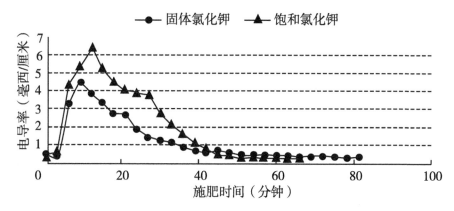

图 2-65　施用等量氯化钾固体肥料及饱和氯化钾溶液所需时间的比较

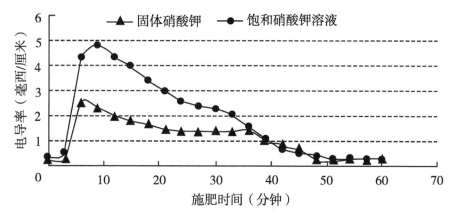

图 2-66　施用等量硝酸钾固体肥料及饱和硝酸钾溶液所需时间的比较

由于施肥的快慢与经过施肥罐的流量有关，当需要快速施肥时，可以增大施肥罐两端的压差；反之，减小压差。

在有条件的情况下，可以用下列方法测定施肥时间。

（1）EC法（电导率法）

肥料大部分为无机盐（尿素除外），溶解于水后使溶液的电导率增加。监测施肥时流出液的电导率的变化即可知每罐肥的施肥时间。将某种单质肥料或复合肥料倒入罐内约1/3容积，称重，记录入水口压力（有压力表情况下）或在节制阀的旋紧位置做记号（入水口无压力表），用电导率仪测量流出液的EC值，记录施肥开始的时间。施肥过程中每隔3分钟测量1次，直到EC值与入水口灌溉水的EC值相等，此时表明罐内无肥，记录结束的时间。开始与结束的时间差即为当次的施肥时间。

（2）试剂法

利用钾离子与铵离子能与2%的四苯硼钠形成白色沉淀来判断。方法同EC法相似。试验肥料可用硝酸钾、氯化钾、硝酸铵等含钾或铵的肥料。记录开始施肥的时间。每次用烧杯取肥液3～5毫升，滴入1滴四苯硼钠溶液，摇匀，开始施肥时变为白色沉淀，以后随浓度越来越稀而无反应。此时的时间即为施肥时间。

尿素是灌溉施肥中最常用的氮肥。但上述两种方法都无法检测尿素的施肥时间。通过测定等量氯化钾的施用时间，根据溶解度来推断尿素的施肥时间。如在常温下，氯化钾溶解度为34.7克/100克水，尿素为100克/100克水。当氯化钾的施肥时间为30分钟时，因尿素的溶解度比氯化钾更大，等重量的尿素施肥完成时间同样也应为30分钟。或者将尿素与钾肥按1∶9的比例加入罐内，用监测电导率的办法了解尿素的施肥时间。因钾肥的溶解度比尿素小，只要监测不到电导率的增加，表明尿素已施完毕。

（3）流量法

根据Amos Teitch公式 $T=4V/Q$，当施肥时所使用的是液体肥料或溶解性较好的固体肥料如尿素时，可推算出一次施肥所需要的时间。因此，可在旁通施肥罐的出水口端安装一流量计，则从开始施肥到流量计记录的流量约为4倍的旁通施肥罐体积时，表明施肥罐中肥料已基本施完，此时段所消耗的时间即为施肥时间。

了解施肥时间对应用压差施肥罐施肥具有重要意义。当施下一罐肥时必须要将罐内的水放掉至少1/2～2/3，否则无法加入肥料。如果对每一罐的施肥时间不了解，可能会出现肥未施完即停止施肥，将剩余肥料溶液排走而浪费肥料的现象。或肥料早已施完但心中无数，盲目等待。后者当单纯为施肥而灌溉时，会浪费水源或电力，增加施肥人工。特别在雨季或土壤不需要灌溉而只需施肥时，更需要加快施肥速度。

二、文丘里施肥器

（一）基本原理

水流通过一个由大渐小然后由小渐大的管道时（文丘里管喉部），水流经狭窄部分时流速加大，压力下降，使前后形成压力差，当喉部有一更小管径的入口时，形成负压，将肥料溶液从一敞口肥料罐通过小管径细管吸取上来。文丘里施肥器即根据这一原理制成（图2-67至图2-70）。

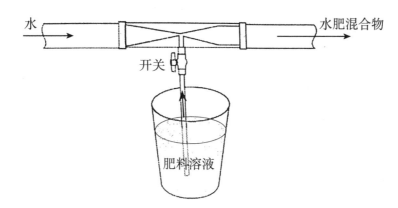

图2-67　文丘里施肥器示意

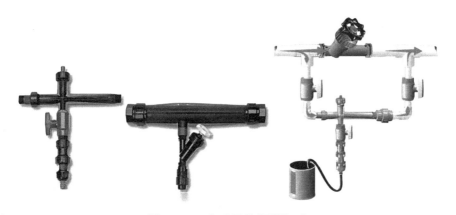

图2-68　文丘里施肥器组成

图 2-69   文丘里施肥器

图 2-70   文丘里施肥器在果园中的应用

文丘里施肥器用抗腐蚀材料制作，如塑料和不锈钢，现绝大部分为塑料制造。文丘里施肥器的注入速度取决于产生负压的大小（即所损耗的压力）。损耗的压力受施肥器类型和操作条件的影响，损耗量为原始压力的 10%～75%。表 2-6 列出了压力损耗与吸肥量（注入速度）的关系。

表 2-6   文丘里施肥器的压力损耗与吸肥量的关系

型号	压力损耗（%）	流经文丘里管道的水流量（升/分）	吸肥量（升/分）
1	26	1.89	0.38
2	25	7.95	0.63
3	18	12.8	1.07
4	16	24.2	1.58
5	16	45.4	3.78
6	18	64.3	4.73
7	18	128.6	11.36
8	18	382.0	31.53
9	50	7.94	2.21
10	32	45.4	8.83
11	35	136.2	22.08
12	67	109.7	71.28

由于文丘里施肥器会造成较大的压力损耗，通常安装时加装一个小型增压泵。一般厂家均会告知产品的压力损耗，设计时根据相关参数配置加压泵或不加泵。

文丘里施肥器的操作需要有过量的压力来保证必要的压力损耗；施肥器入口稳定的压力是养分浓度均匀的保证。压力损耗量用占入口处压力的百分数来表示，吸力产生需要损耗入口压力的 20% 以上，但是两级文丘里施肥器只需损耗 10% 的压力。吸肥量受入口压力、压力损耗和吸管直径影响，可通过控制阀和调节器来调整。文丘里施肥器可安装于主管路上（串联安装，图 2-71）或者作为管路的旁通件安装（并联安装，图 2-72）。在温室里，作为旁通件安装的施肥器，其水流由一个辅助水泵加压。

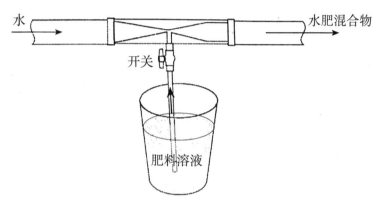

图 2-71　文丘里施肥器串联安装

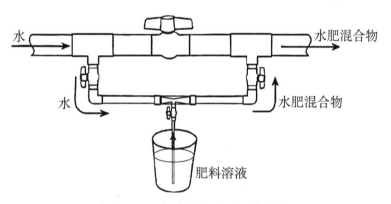

图 2-72　文丘里施肥器并联安装

（二）文丘里施肥器的主要类型

1. 简单型

这种类型结构简单，只有射流收缩段，无附件，因水头损失过大一般不宜采用。

2. 改进型

灌溉管网内的压力变化可能会干扰施肥过程的正常运行或引起事故。为防止这些情况发生，在单段射流管的基础上，增设单向阀和真空破坏阀。当产生抽吸作用的压力过小或进口压力过低时，水会从主管道流进贮肥罐以至产生溢流。在抽吸管前安装一个单向阀，或在管道上装一球阀均可解决这一问题。当文丘里施肥器的吸入室为负压时，单向阀的阀芯在吸力作用下打开，开始吸肥。当吸入室为正压力时，单向阀阀芯在水压作用下关闭，防止水从吸入口流出。

当敞口肥料桶安放在田块首部时，罐内肥液可能在灌溉结束时因出现负压而被吸入主管，再流至田间最低处，既浪费肥料而且可能烧伤作物。在管路中安装真空破坏阀，无论系统中何处出现局部真空都能及时补进空气。

有些制造厂提供各种规格的文丘里喉部，可按所需肥料溶液的数量进行调换，以使肥料溶液吸入速率稳定在要求的水平上。

3. 两段式

国外研制了改进的两段式结构，使得吸肥时的水头损失只有入口处压力的12%~15%，因而克服了文丘里施肥器的基本缺陷，并使之获得了广泛的应用。不足之处是流量相应降低了。

（三）文丘里施肥器的优缺点及适用范围

1. 文丘里施肥器的优缺点

文丘里施肥器的优点：设备成本低，维护费用低。施肥过程可维持均一的肥液浓度，施肥过程无须外部动力。设备重量轻，便于移动和用于自动化系统。施肥时肥料罐为敞开环境，便于观察施肥进程。吸肥量范围大，操作简单，磨损率低，安装简易，适于自动化。

文丘里施肥器的缺点：施肥时系统水头压力损失大。为补偿水头损失，系统中要求较高的压力。施肥过程中的压力波动变化大。为使系统获得稳压，需配备增压泵。不能直接施用固体肥料，需把固体肥料溶解后施用。

2. 文丘里施肥器的适用范围

文丘里施肥器因其出流量较小，主要适用于小面积种植场所，如温室大棚种植或小规模农田。

（四）文丘里施肥器的安装、运行与控制

1. 文丘里施肥器的安装

在大多数情况下，文丘里施肥器安装在旁通管上（并联安装），这样只需部分流量经过射流段。当然，主管道内必须产生与射流管内相等的压力降。这种旁通运行可使用较小（较便宜）的文丘里施肥器，而且更便于移动。当不加肥时，系统也

工作正常。当施肥面积很小且不考虑压力损耗时，也可用串联安装。

在旁通管上安装的文丘里施肥器，常采用旁通调压阀产生压差。调压阀的水头损失足以分配压力。如果肥液在主管过滤器之后流入主管，抽吸的肥水要单独过滤。常在吸肥口包一块 100～120 目的尼龙网或不锈钢网，或在肥液输送管的末端安装一个耐腐蚀的过滤器，筛网规格为 120 目。有的厂家产品出厂时已在管末端连接好不锈钢网（图 2-73）。输送管末端结构应便于检查，必要时可进行清洗。肥液罐里（或桶）应低于射流管，以防止肥液在不需要时自压流入系统。并联安装方法可保持出口端的恒压，适合于水流稳定的情况。当进口处压力较高时，在旁通管入口端可安装一个小的调压阀，这样在两端都有安全措施。

图 2-73　吸肥口带过滤装置的文丘里吸肥器

因文丘里施肥器对运行时的压力波动很敏感，应安装压力表进行监控。一般在首部系统都会安装多个压力表。节制阀两端的压力表可测定节制阀两端的压力差。一些更高级的施肥器本身即配有压力表供监测运行压力。

2. 文丘里施肥器的运行及控制

虽然文丘里施肥器可以按比例施肥，在整个施肥过程中保持恒定浓度供应，但在制定施肥计划时仍然按施肥数量计算。比如一个轮灌区需要多少肥料要事先计算好。如用液体肥料，则将所需体积的液体肥料加到贮肥罐（或桶）中。如用固体肥料，则先将肥料溶解配成母液，再加入贮肥罐，或直接在贮肥罐中配制母液。当一个轮灌区施完肥后，再安排下一个轮灌区。

当需要连续施肥时，对每一轮灌区先计算好施肥量。在确定施肥速度恒定的前提下，可以通过记录施肥时间或观察施肥桶内壁上的刻度来为每一轮灌区定量。对于有辅助加压泵的施肥器，在了解每个轮灌区施肥量（肥料母液体积）的前提下，安装一个定时器来控制加压泵的运行时间。在自动灌溉系统中，可通过控制器控制不同轮灌区的施肥时间。当整个施肥可在当天完成时，可以统一施肥后再统一冲洗管道，否则必须将施过肥的管道当日冲洗。冲洗的时间要求同旁通罐施肥法。

三、重力自压式施肥法

(一) 基本原理

在应用重力滴灌或微喷灌的场合，可以采用重力自压式施肥法。在南方丘陵山地果园或茶园，通常引用高处的山泉水或将山脚水源泵至高处的蓄水池。通常在水池旁边高于水池液面处建立一个敞口式混肥池，池长 0.5～5.0 米；可以是方形或圆形，方便搅拌溶解肥料即可。池底安装肥液流出的管道，出口处安装 PVC 球阀，此管道与蓄水池出水管连接。池内用 20～30 厘米长的大管径（如 Φ75 毫米或 Φ90 毫米 PVC 管），管入口用 100～120 目尼龙网包扎。为扩大肥料的过流面积，通常在管上钻一系列的孔，用尼龙网包扎（图 2-74）。

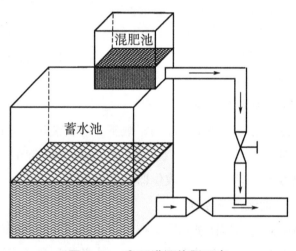

图 2-74　自压灌溉施肥示意

(二) 运行与调控

施肥时先计算好每轮灌区需要的肥料总量，将肥料倒入混肥池，加水溶解，或溶解好直接倒入。打开主管道的阀门，开始灌溉。然后打开混肥池的管道，肥液即被主管道的水流稀释带入灌溉系统。通过调节球阀的开关位置，可以控制施肥速度。当蓄水池的液位变化不大时（丘陵山地果园许多情况下一边灌溉一边抽水至水池），施肥的速度可以相当稳定，保持一恒定养分浓度。如采用滴灌施肥，施肥结束后需继续灌溉一段时间，冲洗管道。如拖管淋水肥则无此必要。通常混肥池用水泥建造坚固耐用，造价低。也可直接用塑料桶作混肥池用。有些用户直接将肥料倒入蓄水池，灌溉时将整池水放干净。由于蓄水池通常体积很大，要彻底放干水很不容易，会残留一些肥液在池中。加上池壁清洗困难，也有养分附着。当重新蓄水时，极易滋生藻类青苔等低等植物，堵塞过滤设备。应用重力自压式灌溉施肥，当采用滴灌时，一定要将混肥池和蓄水池分开，二者不可共用。

静水微重力自压施肥法曾被国外某些公司在我国农村提倡推广，其做法是在棚中心部位将贮水罐架高80～100厘米，将肥料放入敞开的贮水罐中溶解，肥液经过罐中的筛网过滤器过滤后靠水的重力滴入土壤。在山东省中部蔬菜栽培区，农户利用在棚内山墙一侧修建水池替代储水罐，肥料溶于池中，池的下端设有出水口，利用水重力法灌溉施肥，这种方法水压很小，仅适合于面积小于300米^2，且纵向长度小于40米的大棚采用。面积更大时很难保证出水均匀。

利用自重力施肥由于水压很小（通常在3米以内），用常规的过滤方式（如叠片过滤器或筛网过滤器）由于过滤器的堵水作用，往往使灌溉施肥过程无法进行。可以用下面的方法解决过滤问题。在蓄水池内出水口处连接一段1.0～1.5米长的PVC管，管径为90毫米或110毫米。在管上钻直径30～40毫米的圆孔，圆孔数量越多越好，将120目的尼龙网缝制成管大小的形状，一端开口，直接套在管上，开口端扎紧。用此方法大大地增加了进水面积，虽然尼龙网也照样堵水，但由于进水面积增加，总的出流量也增加。混肥池内也用同样方法解决过滤问题。当尼龙网变脏时，更换一个新网或洗净后再用。

（三）应用范围

我国华南、西南、中南等地有大面积的丘陵山地果园、茶园、经济树林及大田作物，非常适合采用重力自压灌溉。很多山地果园在山顶最高处建有蓄水池，果园一般采用拖管淋灌或滴灌。此时采用重力自压施肥非常方便做到水肥结合。在华南地区的柑橘园、荔枝园、龙眼园有相当数量的果农采用重力自压施肥。重力自压施肥简单方便，施肥浓度均匀，农户易于接受。不足之处是必须把肥料运送到山顶。

四、泵吸肥法

（一）基本原理

泵吸肥法是利用离心泵直接将肥料溶液吸入灌溉系统，适合于几十公顷以内面积的施肥。为防止肥料溶液倒流入水池而污染水源，可在吸水管上安装逆止阀。通常在吸肥管的入口包上100～120目滤网（不锈钢或尼龙），防止杂质进入管道。该法的优点是不需要外加动力，结构简单，操作方便，可用敞口容器盛肥料溶液。施肥时通过调节肥液管上阀门，可以控制施肥速度，精确调节施肥浓度。缺点是施肥时要有人照看，当肥液快完时立即关闭吸肥管上的阀门，否则会吸入空气，影响泵的运行。

（二）运行与维护

根据轮灌区的面积或果树的株数计算施肥量，然后倒入施肥池。开动水泵，放水溶解肥料。打开出肥口处的开关，肥料被吸入主管道。通常面积较大的灌区吸肥管用50～75毫米的PVC管，方便调节施肥速度。一些农户出肥管管径太小（25毫米或32毫米），当需要加速施肥时，由于管径太小无法实现。对较大面积的灌区（如500亩以上），可以在肥池或肥桶上画刻度。一次性将当次的肥料溶解好，然后通过刻度分配到每个轮灌区。假设一个轮灌区需要一个刻度单位的肥料，当肥料溶液到达一个刻度时，立即关闭施肥开关，继续灌溉冲洗管道。冲洗完后打开下一个轮灌区，打开施肥池开关，等到达第二个刻度单位时表示第二轮灌区施肥结束，依次进行操作。采用这种办法对大型灌区施肥可以提高工作效率，减轻劳动强度。

北方一些井灌区水温较低，肥料溶解慢。一些肥料即使在较高水温下溶解速度也慢（如硫酸钾）。这时在肥池内安装搅拌设备可显著加快肥料的溶解，一般搅拌设备由减速机（功率1.5～3.0千瓦）、搅拌桨和固定支架组成。搅拌桨通常要用304不锈钢制造（图2-75）。

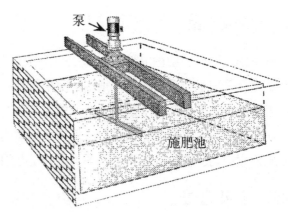

图2-75　施肥池配上搅拌机可促进肥料的溶解

五、泵注肥法

（一）基本原理

泵注肥法是利用加压泵将肥料溶液注入有压管道，通常泵产生的压力必须要大于输水管的水压，否则肥料注不进去。深井泵或潜水泵抽水直接灌溉的地区，泵注肥法是最佳选择。泵注肥法施肥速度可以调节，施肥浓度均匀，操作方便，不消耗系统压力。不足是要单独配置施肥泵。对施肥不频繁地区，普通清水泵可以使用，施完肥后用清水清洗，一般不生锈。但对频繁施肥的地区，建议用耐腐蚀的化工泵。

（二）运行与维护

南方地区的果园与菜地，通常都采用泵注肥法，具体做法是：在泵房外侧建一个砖水泥结构的施肥池，一般为 3～4 米³，通常高 1 米，长宽均 2 米。以不漏水为质量要求。池底最好安装一个排水阀门，方便清洗排走肥料池的杂质。施肥池内侧最好用油漆划好刻度，以 0.5 米为一格。安装一个吸肥泵将池中溶解好的肥料注入输水管。吸肥泵通常用旋涡自吸泵，扬程须高于灌溉系统设计的最大扬程，通常的参数为：电源 220 伏或 380 伏，0.75～1.1 千瓦，扬程 50 米，流量 3～5 米³/时。这种施肥方法容易观察肥料有没有施完，施肥速度方便调节。它适合用于时针式喷灌机、喷水带、卷盘喷灌机、滴灌等灌溉系统。其克服了压差施肥罐的所有缺点。特别是使用地下水的情况下，由于水温低（9～10℃），肥料溶解慢，可以提前放水升温，加速肥料溶解。有条件的地方还可以在肥池上建一个减速搅拌机，自动搅拌溶解肥料。通常减速搅拌机的电机功率为 1.5 千瓦。搅拌装置用不生锈材料做成"倒T"形（图 2-76 至图 2-78）。

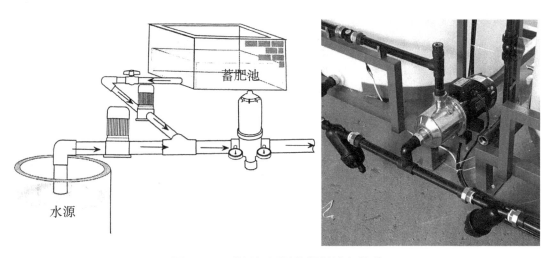

图 2-76　利用加压泵将肥料注入管道

89

图 2-77　田间利用清水泵
　　将肥液注入管道

图 2-78　田间利用打药机注肥

六、注射泵

注射泵普遍用于应用无土栽培技术的国家（如荷兰、以色列等），有满足各种用户需要的产品。这些产品在规格、材料、驱动方式和吸肥方式上存在差别，但共同点都是由泵将肥液从敞开的肥料罐中注入灌溉系统。目前这类施肥泵主要由外国厂家生产，国内在许多政府部门建立的农业科技或节水农业示范点常有应用。主要的生产厂家有：法国多沙特龙国际公司（Dosatron），美国 CDS 注射泵业公司，以色列阿米亚德公司（Amiad），以色列 TMB 公司，以色列爱尔达沙尼公司（Eldarshany）等。国内也有很多厂家生产类似的泵，主要用于定量吸取各种液体物料，但基本没考虑开发用于灌溉施肥的产品。泵用耐腐材料制成，或在与肥液接触的部件上敷以防腐涂层。泵的动力可以是水力、电力、内燃机等。注射速度、肥量和时间可用手动、辅助设备或自动控制。注射泵只用液体肥料，肥料通常装在塑料罐或桶内，体积可大可小。

注射泵是一种精确施肥设备，可控制肥料用量或施肥时间，在集中施肥和运用复杂控制的同时还易于移动，不给灌溉系统带来水头损失，运行费较低等。但注射泵装置复杂，与其他施肥设备相比价格昂贵，肥料必须溶解后使用，有时需要外部动力。对电力驱动泵还存在特别风险，当系统供水受阻中断后，往往注肥仍在进行。目前常用的类型有膜式泵、柱塞泵等。

（一）水力驱动泵

水力驱动泵以水压力为运行动力，因此在田间只要有灌溉供水管就可以运行。

一般的工作压力最小值是 0.3 兆帕。流量取决于泵的规格。同一规格的泵水压力也会影响流量，但可调节。此类泵一般为自动控制，泵上安有脉冲传感器将活塞或隔膜的运动转变为电信号来控制吸肥量。灌溉中断时注肥立即停止，停止施肥时泵会排出一部分驱动水。由于此类泵主要用于大棚温室中的无土栽培，泵一般安置在系统首部，但也可以移动。典型的水动力有隔膜泵和柱塞泵。

1. 隔膜泵

隔膜泵有两个膜部件，一个安装在上面，一个安装在下面，之间通过一根竖直杠杆连接。一个膜部件是营养液槽，另一个是灌溉水槽。灌溉水同时进入两个部件中较低的槽，产生向上运动。运动结束时分流阀将肥料吸入口关闭并将注射进水口打开，膜下两个较低槽中的水被射出。向下运动结束时，分流阀关闭出水口并打开进水口，再向上运动。当上方的膜下降时，开始吸取肥料溶液；当向上运动时，则将肥料溶液注入灌溉系统中。隔膜泵比活塞注射泵昂贵，但是它的运动机件较少而且组成部分与腐蚀性肥料溶液接触的面积较小。隔膜泵的流量为 3～1 200 升/时，工作压力为 0.14～0.8 兆帕。肥料溶液注入量与排水量之比为 1：2。由一个计量阀和脉冲转换器组成的阀对泵进行调控，主要调控预设进水量与灌溉水流量的比率。可采用水力驱动的计量器来进行按比例加肥灌溉。在泵上安装电子微断流器将电脉冲转化为信息传到灌溉控制器来实现自动控制。隔膜泵的材料通常采用不锈钢和塑料（图 2-79、图 2-80）。

图 2-79　隔膜施肥泵　　　　　　图 2-80　靠水力驱动的柱塞泵

2. 柱塞泵

柱塞泵利用加压灌溉水来驱动活塞。它所排放的水量是注入肥料溶液的 3 倍。泵外形为圆柱体并含有一个双向活塞和一个使用交流电的小电机，泵从肥料罐中吸取肥料溶液并将它注入灌溉系统中。泵启动时有一个阀门将空气从系统中排出，并防止供水中断时肥料溶液虹吸到主管。柱塞泵的流量为 1～250 升/时，工作压力为 0.15～0.80 兆帕。可用流量调节器来调节泵的施肥量或在驱动泵的供水管里安装水计量阀来调节。与注射器相连的脉冲传感器可将脉冲转化为电信号并将信号传送给溶液注入量控制器。然后控制器据此调整灌溉水与注入溶液的比率。在国内使用较多的为法国 Dosatron 国际公司的施肥泵和美国 Dosmatic 国际公司的施肥泵。

（二）电机或内燃机驱动施肥泵

电动泵类型及规格很多，从仅供几升的小流量泵到与水表连接能按给定比例注射肥料溶液和供水的各种泵型。因需电源，这些泵适合在固定的场合，如温室或井边使用。因肥料会腐蚀泵体，常用不锈钢或塑料材质。用内燃机（含拖拉机）驱动的泵常见的是拖拉机拖动或机载的喷油机泵，系统包括单独的内燃机或直接利用拖拉机的动力，泵应是耐腐蚀的，并需配置数百升容积的施肥罐。优点是启动和停机均靠手动操作，便于移动，供水量可以调节等。

移动式灌溉施肥泵是针对小面积果园或菜地以及没有电力供应的种植地块而研发的，主要由汽油泵、施肥罐、过滤器和手推车组成，可直接与田间的灌溉施肥管道相连使用，移动方便、迅速。当用户需要对田间进行灌溉施肥时，可以用机车将灌溉施肥到田间，与田间的管道相连，轮流对不同的田块进行灌溉施肥。移动式灌溉施肥机可以代替泵房固定式首部系统，成本低廉，便于推广，能够满足小面积田块灌溉施肥系统的要求。目前，移动式灌溉施肥机的主管道有 2 寸（1 寸≈3.3 厘米）和 3 寸两种规格，每台移动式灌溉施肥机可负责 50～100 亩的面积。

（三）施肥机

一些施肥设备不但能按恒定浓度施肥，同时可自动吸取多种营养母液，按一定比例配成完全营养液。在施肥过程中，可以自动监测营养液的电导率和 pH 值，实现真正的精确施肥。由于该类施肥设备的复杂性和精确性，一般称之为施肥机。在对养分浓度有严格要求的花卉、优质蔬菜等的温室栽培中，应用施肥机能够将水与营养物质在混合器中充分混合而配制成作物生长所需的营养液，然后根据用户设定的灌溉施肥程序通过灌溉系统适时适量地供给作物，保证作物生长的需要，做到精确施肥并实现施肥自动化。自动灌溉施肥机特别适用于无土栽培。下面以以色列爱尔达沙尼（El-darshany）公司设计生产的"肥滴美"（Fertimix）、"肥滴佳"（Fertigal）和"肥滴杰"（FertiJet）自动灌溉施肥机为例，介绍其工作原理和使用方法。

1. 肥滴美（Fertimix）自动灌溉施肥机

肥滴美（Fertimix）自动灌溉施肥机（图 2-81）是一个功能强大的自动灌溉施

肥机，它配置了先进的 Galileo/Elgal 系列计算机控制系统，能够按照用户的要求精确控制施肥和灌溉量。肥滴美自动灌溉施肥机有 1″、2″、3″等多种型号，满足不同灌溉流量的需求，最大灌溉流量为 6.5～55 米³/时。

图 2-81　肥滴美自动灌溉施肥机

肥滴美（Fertimix）自动灌溉施肥机主要由以下部分组成。

一个带有高、低水位感应探头的聚乙烯混合罐。一个混合泵，它有 3 种功能：①为灌溉提供工作压力；②吸取肥料；③执行营养液混合配制过程。带有电控施肥阀门和肥料流量调节器的 3 个文丘里注肥器（Fertimix 最多可安装 10 个注肥器，用户可根据实际需要安装所需数量的注肥器）。安装在采样单元中的 pH/EC 测定电极。pH/EC 监测控制系统包括下列配件：一个与控制器相连的 4～20 毫安信号发送装置，一个大液晶显示器，电流绝缘隔离装置，以及一个用于快速、简便校定的键盘。供人工手动操作的旁路阀门。一个用于控制系统监控灌溉、计算灌溉量和流量的电子水表。进水口和出水口处的电控液压阀门。用于自动控制进水流量的浮阀。抗腐蚀的 PVC 管道和装配件。带有手动开关选项自控电路面板，混合泵的电路保护和雷电保护装置以及液面水位控制器及一台 Galileo/Elgal 可编程自动灌溉施肥控制器。

2. 肥滴佳（Fertigal）自动灌溉施肥机

肥滴佳自动灌溉施肥机（图 2-82）是一个设计独特、操作简单和模块化的自动灌溉施肥系统，它配以先进的 Galileo/Elgal 计算机自动灌溉施肥可编程控制器和 EC/pH 监控装置，可编程控制器中先进的灌溉施肥自动控制软件平台为用户实现专家级的灌溉施肥控制提供了一个最佳的手段。

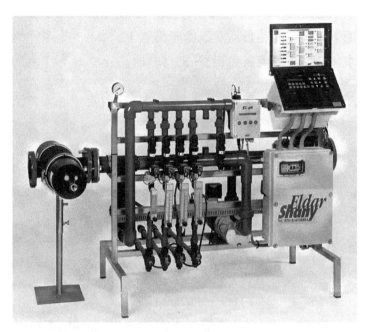

图 2-82　肥滴佳自动灌溉施肥机

肥滴佳自动灌溉施肥机能够按照用户在可编程控制器上设置的灌溉施肥程序和EC/pH 控制，通过机器上的一套肥料泵直接、准确地把肥料养分注入灌溉水管中，连同灌溉水一起适时适量地施给作物。这样，肥滴佳自动灌溉施肥机使施肥和灌溉的一体化成为可能，大大提高了水肥耦合效应和水肥利用效率。同时完美的自动灌溉施肥程序为作物及时、精确的水分和营养供应提供了保证。

肥滴佳自动灌溉施肥机具有较广的灌溉流量和灌溉压力适应范围，能够充分满足温室、大棚等设施农业的灌溉施肥需要。

另外，肥滴佳自动灌溉施肥机配备的 Galielo/Elgal 可编程控制器也可以编写雾喷、雾化、灌溉排水监控、过滤器冲洗，甚至温室气候控制等自动控制程序，这样，用户能够使用肥滴佳自动灌溉施肥机对温室进行全方位的综合控制。肥滴佳自动灌溉施肥机的型号为 $1''\sim6''$，最大灌溉流量为 $9\sim225$ 米^3/时，控制压力 $0.4\sim0.5$ 兆帕。

肥滴佳自动灌溉施肥机的基本构成：一个液压水表阀门—该液压水表阀门是由一个灌溉总阀门、电子水表、单向逆止阀门和压力调节阀集成在一个单元装置中而构成。可调节的压力调节阀。用于检测灌溉压力不足错误和保护水泵的电子恒定水压继电器。一个用于雾喷系统的输出口，装于灌溉总阀门之前。一个 $3/4''$ 的服务阀门。具有两点选择开关的压力计。一个塑料叠片式过滤器（120 目）及抗腐蚀的 PVC 管和各种配套装配件。自动控制装置有：安装在 EC&pH 采样检测单元中的一对 EC/pH 测定电极。pH/EC 监控装置包括：输出信号为 4～20 毫安电流的信号转化器，电流绝缘装置，大型的液晶显示器和带有 4 个键的键盘。一个 Elgal 可编程控制器，可从 Elgal 型系列可编程控制器中选择任一型号。一个主电动控制面板。

施肥系统主要包括：一套文丘里肥料泵（最大吸量 350 升/时），肥料泵装置上同时也包括电动控制肥料阀门，肥料流量调节器，聚乙烯装配件。一个专用电动水泵，用于通过旁通管维持文丘里肥料泵运行所必需的水压差。

3. 肥滴杰（Fertijet）自动灌溉施肥机

肥滴杰是一个经济实用的自动灌溉施肥机，它与肥滴佳和肥滴美一样能够执行精确的施肥控制过程，但是肥滴杰机器本身并没有安装水表阀门、灌溉总阀、调压阀门等水控设备，它实际上只是一个可以通过旁通管路连接到灌溉系统的施肥机。肥滴杰在先进的 Galileo/Elgal 自动灌溉施肥可编程控制器控制下，通过运行控制机器上的一套文丘里注肥器直接、准确地把肥料养分按照用户的程序设定要求注入灌溉系统主管道中。由于肥滴杰采用旁通管与灌溉系统相连，它可以与任何规模的灌溉系统或任何尺寸的灌溉首部简单而快速地相连。

肥滴杰自动灌溉施肥机的构成有：压力调节器；用于检测灌溉压力不足错误的电子恒定水压继电器；抗腐蚀的 PVC 管和各种配套装配件；安装在 EC/pH 采样检测单元中的一对 EC&pH 测定电极。pH/EC 监控装置包括：输出信号为 4～20 毫安电流的信号转化器、电流绝缘装置、大型的液晶显示器和带有 4 个键的键盘。一个 Galileo/Elgal 可编程控制器，一个主电动控制面板；一套文丘里型肥料泵（最大肥料流量为 350 升/时，具体取决于泵的类型），肥料泵装置上配有电动控制肥料阀门、肥料流量调节器、聚乙烯装配件，专用电动水泵用于通过旁通管维持文丘里肥料泵运行所必需的水压差。

肥滴美、肥滴佳及肥滴杰施肥机均为精确施肥设备，其操作远较施肥罐等施肥方法复杂。由天津市水利科学研究所研制生产的温室滴灌施肥智能化控制系统，可实现温室花卉、蔬菜灌溉施肥的自动化，实现养分浓度的精确调节，系统总体水平达到国外先进水平。系统主要功能有：①自动手动控制灌溉施肥；②定时定量灌溉施肥；③条件控制灌溉施肥；④过滤器自动反冲洗；⑤智能化肥料混配；⑥灌溉施肥信息的统计、查询；⑦系统运行的动态显示；⑧系统参数设置功能；⑨系统的安全保护；⑩系统的环境监测。

系统的主要特点如下。一是功能齐全。3 种灌溉施肥控制方式便于用户根据实际情况使用。丰富的灌溉施肥和环境信息使用户能够掌握作物的灌溉施肥情况和温室内外的环境变化，及时调整灌溉施肥方案。完善的故障报警及安全保护功能保证了系统运行的安全性。过滤器自动反冲洗功能提高了设备清洗的效率，节省人工。二是性能卓越。系统配置高，采用进口 PLC、水泵和电磁阀等控制设备，性能可靠、稳定，抗干扰能力强、噪声小。系统在营养液的 EC 浓度和酸碱度调节上实现智能化精量调节控制。系统动态性能好，设备工作状态和水的流动方向在屏幕上动态显示。三是操作简单。系统提供全中文操作界面，设置简单，操作一般不超过 3 个画面。四是规格齐全。产品系列化，开发研制了两个系列的控制系统，系统控制规模在 1～10 公顷。五是价格低廉。与相同性能的进口产品比，价格降低 40%左右。六是效益显著。试验表明，该控制系统与滴灌配合使用，可节水 60%、节肥 40%、省工 80%。目前生产的型号有 FICS-1 型和 FICS-2 型（图 2-83、图 2-84）。

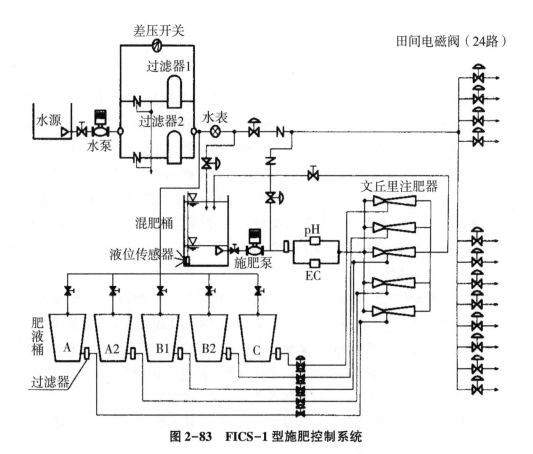

图 2-83　FICS-1 型施肥控制系统

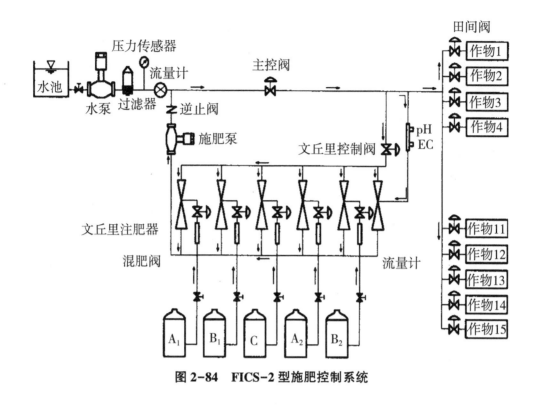

图 2-84　FICS-2 型施肥控制系统

第四节　水肥一体化系统的其他关键设备

一、进排气阀

进排气阀能够自动排气和进气，水压升高到一定程度才能自动关闭，主要是对系统起到保护作用（图 2-24）。在水肥一体化系统中，进排气阀主要安装在管网中最高位置和局部高地。当管道开始输水时，管中的空气受水的排挤，向管道高处集中。当空气无法排出时，就会减少过水断面面积，形成高于工作压力数倍的压力冲击。因此，在这些制高点处应安装进排气阀，以便将管内空气及时排出。当停止供水时，由于管道中的水流向低处并逐渐排出，会在高处管内形成真空，进排气阀能及时补气，使空气随水流的排出而进入管道。常用的进排气阀有 2 寸和 1 寸全自动连续动作进排气阀两种。进排气阀的选型按"四比"法进行选用，即进排气阀全开直径不小于管道内径的 1/4。

二、机泵

机泵是水肥一体化系统中的重要设备之一，常用水泵类型有离心泵、长轴深井泵、潜水泵、微型泵和真空泵等。在泵型选择上，当灌溉水源是河水或小于10米深的浅层地下水时，应首先考虑采用离心泵，如果水源水位变幅较大，则动力设备必须安装在远离危险水位线以上，以防止动力设备受淹损坏；当灌溉水深大于10米时，采用深井泵或潜水泵较合适。无论选择哪一种泵型，机泵必须达到预定的流量和给定的扬程。系统设计流量等于同时工作滴头流量之和。系统设计扬程则为滴头工作压力、各级管道阻力损失、滴头安放位置与水源水面高差、过滤器等各设备阻力损失等项之总和。在选择机泵和配套动力设备时，除计算固定费用外，还应考虑运行费用，低成本运行对于水肥一体化系统的管理使用极为重要，所以选择机泵时还应计算机泵的年运行费用。

三、压力表

压力表是微灌系统中一个结构简单而作用大的设备，它是整个微灌系统的一个窗口，系统运行是否正常，基本上都可以通过压力表所显示的压力值进行判断，压力过大或过小，都说明系统存在问题，应及时检查维修。压力表可以监测水泵是否在正常工作状态。在过滤器的前后安装压力表，可以根据压差大小确定过滤器是否需要清洗。由此可见，压力表在微灌系统中担负着故障监测的任务，在选用时不得大意，应选择反应灵敏、安全可靠的优质产品，其测量范围要比系统实际水头略大，以提高测量精度。在规模较大的微灌系统中，在田间关键部位也应设置压力表，以便于管理。

四、电控箱或电控柜

正式的泵房应安装电控箱。电控箱内有电压表、电流表、过载及缺相开关、液位指示灯等。特别是一些地区电力不足，或多台水泵同时工作，导致水泵低压运行。安装电控箱后可以保护水泵免被烧坏。采用井水或蓄水池作水源时，安装液位开关，可以防止抽干水后水泵空转。

五、自动控制设备

灌溉面积大，轮灌区多，建议安装自动控制设备。如果在田间人工控制各灌水区的阀门，需要人工多，轮灌区间切换不连续。

灌溉系统自动化控制设备主要有中央控制器、自动阀、传感器、气候、土壤及作物监测设备等。自动控制系统可根据实际需要选用不同的功能，如最简单的田间灌溉控制系统由中央控制器、电磁阀及地埋信号线组成，使用时管理员只需向中央控制器输入灌溉程序，灌溉系统就会按程序要求按时、按顺序完成灌溉任务，电磁阀也会按程序设定自动打开。中央控制器可控制8~120个电磁阀，可以满足大部分灌区的自动灌溉要求。比较复杂的自动灌溉系统功能更加齐全，可根据土壤水分、降水、空气湿度、温度等条件自动确定是否需要启动相应功能，几乎所有功能都是根据条件自动启动。当然，自动化控制系统会大大增加系统投资，选用时应根据实际需求进行相应功能的选取。

除此以外，水泵的变频调速技术与自动化控制设备相结合，会使微灌系统的操作管理更简单，更方便。特别在轮灌区面积大小不均时，用变频调速技术更为必要。

第三章

土壤水分和养分管理

第一节　土壤水分管理

一、基本概念

作物正常生长要求土壤中水分状况处于适宜范围，土壤过干或过湿均不利于根系的生长。当土壤变干时，必须及时灌溉来满足作物对水分的需要。但土壤过湿或积水时，必须及时排走多余的水分。在大部分情况下，调节土壤水分状况主要是进行灌溉。当进行灌溉作业时，需要灌多少水，什么时候开始灌溉，什么时候灌溉结束，土壤需要湿润到什么深度（灌溉深度）等问题是合理灌溉的主要问题。在进行土壤水分监测时，必须了解描述土壤水分的几个基本概念。

（一）田间持水量

在地下水位较深、不影响表层土壤的水分状况下，土壤充分灌溉，在土面蒸发很小的情况下，土壤内的重力水下渗到深层，此时土壤中所含的水量为田间持水量。常以干土重的百分数表示。在土壤含水量达到田间持水量时如继续灌溉，此时土壤水分已饱和，过量的水向深层渗漏，造成损失。所以田间持水量是灌溉后土壤有效水含量的上限。土壤质地、孔隙状况、有机质含量等因素都会影响田间持水量，但土壤质地是最重要的影响因素，一般的规律是黏土＞壤土＞砂土。表3-1列出了我国部分土壤田间持水量的参考值。

表3-1　我国部分土壤田间持水量的参考值（质量分数）

地区	土壤类型	质地	田间持水量（%）
黄河中游地区	黄绵土	砂壤土	18～20
	垆土	壤土	20～22
	塿土	壤黏土	22～24
华北平原	华北地区非盐土	砂土	16～22
		砂壤土	22～30
		壤土	22～28
		壤黏土	22～32
		黏土	25～35

（续表）

地区	土壤类型	质地	田间持水量（%）
华北平原	华北地区盐土	砂土	28～34
		砂壤土	28～34
		壤土	26～30
		壤黏土	28～32
		黏土	23～45
华南地区	红壤	壤土	23～28
		壤黏土	32～36
		黏土	32～37

一般农作物的适宜土壤含水量应保持在田间持水量的 60%～80% 为宜，如土壤含水量低于田间持水量 60% 时就需要灌溉。土壤田间持水量测定常用环刀法，需用到环刀、天平、烘箱等设备。测定过程非常简单，各地的农业大学及农业方面的研究单位都有测定条件，可以寄送土样测定。

（二）作物永久萎蔫点

作物永久萎蔫点也叫萎蔫系数，它是指植物发生永久萎蔫时，土壤中尚保存的水分占土壤干重的百分率。萎蔫系数因土壤质地不同而存在很大差异，粗砂为 1% 左右，砂壤土为 6% 左右，壤土一般为 10% 左右，黏土为 15% 左右。同一种质地的土壤上，不同作物的永久萎蔫系数变化幅度很小。因为永久萎蔫点是作物对土壤干旱的反应，所以测定具体土壤的萎蔫系数要做简单的盆栽试验，当作物出现萎蔫时用烘干法测定土壤的含水量。在炎热的夏季，这种测定几天可以完成。但秋冬季气温下降，土面蒸发及叶片蒸腾少，这种测定花费的时间较长。

土壤中的有效含水量是指田间持水量和永久萎蔫点之差。对某个具体土壤来讲，如果知道这两个参数，就可以计算出每单位面积一定土层能够贮藏的有效水总量。这个有效水总量相当于单次最大的灌溉定额。

假定一壤土的田间持水量为 29%，萎蔫系数为 11%。则有效水含量为 29%－11%＝18%。土壤容重为 1.34 克/厘米^3，假定灌溉的湿润层深度为 50 厘米（木本果树的根系分布深度），则每公顷的土壤有效贮水量 Q 为：

$Q = 10\ 000$ 米^2×0.5 米×1.34 克/厘米^3×18%＝$1\ 206×10^6$ 克

103

换算成立方米表示为：

$Q = 1\ 206 \times 10^6$ 克 $\div 1$ 吨 $/$ 米$^3 = 1\ 206$ 米^3。

在实际生产中，极少是等到作物萎蔫时才开始灌溉，因此实际的单次灌溉量要小于上面计算的数值。

（三）土壤水势及土壤水吸力

1. 土壤水势

自然界中的物体都具有能量，普遍的趋势是自发地由能量高的状态向能量低的状态运动或转化，最终达到能量平衡状态。经典物理学认为，任一物体所具有的能量由动能和势能组成。由于水分在土壤孔隙中运移很慢，其动能一般可忽略不计。因此，土壤水分所具有的势能（简称土水势），在决定土壤水分的能态和运动上就变得极为重要。任意两点之间的土壤水势能之差，即水势之差，是水分在此两点间运动的驱动力。

土壤水分的势能，不可能也没有必要确定其绝对数量。为此，可选定一个标准参考状态，土壤中任一点的土水势大小，可由该点的土壤水分状态与标准参考状态的势能差值来定义。一般取一定高度处，某一特定温度（常温或与所涉及土壤水温度相同）下、承受标准大气压（或当地大气压）的纯自由水（不含有溶质，不受固相介质作用）作为标准参考状态。土水势的单位一般用千帕表示。

土水势是由各种力产生的分势的总和，即：

$\psi = \psi_m + \psi_o + \psi_p + \psi_g + \psi_t$

其中 ψ 代表总土水势；ψ_m、ψ_o、ψ_p、ψ_g、ψ_t 分别为基质势、溶质（渗透）势、压力势、重力势和温度势。

当研究土壤、水和植物三者关系时，主要考虑基质势和溶质势，其他的分势也影响植物对水的吸收，但与以上两个分势相比微不足道。生产实际中采用的田间持水量是以土水势为 30 千帕的土壤含水量为基础的，植物萎蔫时的土壤水势范围从 $-2.0 \sim -1.0$ 兆帕，平均约为 -1.5 兆帕。因此 -1.5 兆帕一般可以作为表征植物永久萎蔫的土壤水分状况的一种近似值。

2. 土壤水吸力

在土水势的各分势中，有两个分势即基质势 ψ_m 和溶质势 ψ_o 的数量为负值。使用时多有不便之处。为此，习惯上将这两个分势的绝对值定义为吸力，有时也称为张力或基质吸力。土壤的基质势主要是由于土壤胶体对水分子的吸附所引起的。干旱土壤的基质势可低到 -3 兆帕，但在潮湿土壤中基质势接近 0。土壤中 ψ_p 为负值是由于土壤中毛细管作用所造成的。水具有很高的表面张力，它驱使空气—水界面缩小，当土壤干旱时，水分退出大孔隙，而进入小孔隙，空气和水的界面被拉伸，形成弯月面，在弯月面下的水受到拉力，便产生了负的压力。研究田间土壤水分运动时，溶质势一般不考虑（通常土壤溶液浓度很低，ψ_o约为-10千帕。盐碱土中盐分浓度很高，ψ_o有时可达-0.2兆帕或更低，此时必须考虑渗透势的作用）。在非盐碱土上，在潮湿的土壤中，土壤溶液的渗透势是决定土壤溶液水势的主要成分。当土壤含水量达到田间持水量时，土壤溶液水势接近0，约为-10千帕。

土壤水吸力（基质势）有严格的物理意义，它能较形象地表示出土壤基质对水分的吸持作用，同时又避免了使用负数，故该术语常被采用。基质势越大（负值越小）则吸力越小，基质势越小（负值越大）则吸力越大。土壤水运动的自发趋势是由吸力低处向吸力高处流动。

（四）土壤水分特征曲线

土壤水的基质势或土壤水吸力是随土壤含水量而变化的，土壤水的吸力和土壤含水量的关系曲线称土壤水分特征曲线。土壤水分特征曲线表示的是土壤水的能量和数量之间的关系，是研究土壤水分的保持和运动所用到的反映土壤水分基本特性的曲线（图3-1）。

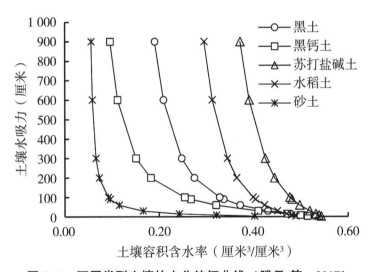

图3-1 不同类型土壤的水分特征曲线（滕云 等，2017）

土壤水分特征曲线，目前尚不能根据土壤的基本性质从理论上分析得出，只能由实验室测定。测定的方法为吸力陶瓷平板仪法，工作原理为水柱平衡法，整个装置由水位瓶、供水瓶、沉淀瓶和石英砂浴组成。另一方法为砂箱法。一般需要由专业人员测定。目前我国尚无各种质地土壤的水分特征曲线供参考。

土壤质地、结构、温度、水分运移方式（吸水过程与释水过程）等因素对土壤水分特征曲线均有一定的影响。不同质地、结构的土壤表现出不同形式的土壤水分特征曲线，说明了土壤水分对植物有效性的大小和范围，如一般在相同含水率下砂土的土壤水吸力比黏土要小。对于同一种土壤，则相同含水率下干容重大的土壤水吸力要比干容重小的土壤水吸力大。这说明在相同含水率下作物根系从砂土中吸水要比从黏土中容易。从干容重大的土壤中吸水要比从干容重小的土壤中吸水困难。吸水与释水过程的土壤水分特征曲线不同，是由于滞后作用所产生的。在同样持水条件下，脱湿过程（蒸发过程）的吸力较吸湿过程（入渗过程）大。土壤从饱和到干燥和从干燥到饱和的水分特征曲线为滞后作用的主线，可分别称为脱湿曲线和吸湿曲线。

二、土壤水分监测

（一）指测法

在整个生长季节使根层土壤保持湿润就可满足水分需要。如何判断土壤水分是否适宜？这里介绍一个简单的方法。用小铲挖开根层的土壤，抓些土用手捏，能捏成团轻抛不散开表明水分适宜。捏不成团散开表明土壤干燥。这种办法适用于砂壤土。对壤土或黏壤土，抓些土用巴掌搓，能搓成条表明水分适宜，搓不成条散开表明干旱，粘手表明水分过多。

图3-2 张力计

（二）张力计法

张力计可用于监测土壤水分状况并指导灌溉，是目前在田间应用较广泛的水分监测设备。张力计测定的是土壤的基质势（土壤水吸力），并非土壤的含水率。根据土壤水分特征曲线，可以由张力计读数找到对应的土壤含水率，从而了解土壤水分状况。

1. 张力计的构造

张力计主要由三部分构成（图3-2）。陶瓷头：上面密布微小孔隙，水分子及离子可以进入，通过陶瓷头上的微孔土壤与张力计贮水管中的水分进行交换或流动。贮水管：一般由透明的有机玻璃制造，根据张力计在土壤中的埋深，贮水管长度为

15～100厘米。因为张力计长时间埋在田间，要求贮水管材料抗老化，经久耐用。压力表：安装于贮水管顶部或侧边。刻度通常为0～100厘巴（centibar）（1厘巴＝1千帕）。

2. 张力计的工作原理

土壤水分特征曲线是张力计工作的理论基础。应用土壤水分特征曲线可以将某一特定土壤的水分张力直接转化为水分含量，可以利用压力表读数直接换算。张力计测量的是土壤的水势（或称水分张力），是一个强度量，而非土壤水分的实际含量。张力计使用时，先在贮水管内装满水并密封，然后将陶瓷头埋入土壤。当土壤干燥时，土壤的水势低于贮水管的水势（水势为0），此时贮水管内的水分通过陶瓷管进入土壤，贮水管内的水被吸出而产生一定体积的真空，形成负压。水被吸出越多，真空体积越大，负压越大，形成的负压通过与贮水管连通的压力表以数值显示。土壤越干燥，负压值越高；反之，当土壤变得湿润时（灌溉或降雨），土壤水分进入贮水管，贮水管的负压减小，压力表回零。

3. 张力计使用方法

按照说明书连接好各个配件，特别是各连接口的密封圈一定要放正，保证不漏气漏水。所有连接口处勿旋太紧，以防接口处开裂。

用比张力计的管径略大的土钻先在土壤上钻孔（张力计计划埋多深即钻多深）。一定要保证张力计埋设的地方土壤质地是均匀的。

将张力计贮水管内装满水（对正规的试验观测，建议用去离子水，用前烧开沸腾，冷却后使用；对生产而言，普通的水即可），旋紧盖子。加水时要慢，尽量避免管道内有气泡出现。出现气泡，必须将气泡驱除。加水时建议用注射针筒或带尖头出水口的洗瓶。

现场土壤与水和成稀泥，填塞刚钻好的孔隙，将张力计垂直插入孔中，上下提张力计几次，直到陶瓷头与稀泥密切接触为止（张力计安装成败的关键是陶瓷头必须和土壤密切接触，否则张力计将不起作用）。

待张力计内水分与土壤水分达到平衡后即可读数（不同土壤质地和水分状况达到平衡的时间存在差异，通常都有几小时之久）。张力计一旦埋设，不能再受外力触碰，对于长期观察的张力计，应设置保护装置（如围砖头等），以免田间作业时碰坏。

当土壤过干时，会将贮水管中的水全部吸干，使管内进入空气。由于贮水管是透明的，为防止水被吸干而疏忽观察，加水时可加入少量染料，有色水更容易观察。

张力计对一般土壤而言可以满足水分监测的需要。但对砂土、过黏重的土壤和盐土，张力计不能发挥作用。砂土因孔隙太大，土壤与陶瓷头无法紧密接触，形成不了水膜，故无法显示真实数值。过分黏重的土壤中微细的黏粒会将陶瓷头的微孔堵塞，使水分无法进出陶瓷头。盐碱土因含有较多盐分，渗透势在总水势中占的比重大，用张力计监测的水分状况可能会比实际值要低。当土壤中渗透势绝对值大于20千帕时，必须考虑渗透势的影响。

（三）石膏块法

通常土壤的湿度越大，电阻越小，测定土壤的电阻值即可了解土壤的水分状况。通常将一组电极埋设于石膏块中作为湿度传感器，将其埋于土壤中后，其电阻值即随土壤湿度变化而变化。从石膏块中引出两根导线，测定两个电极间的电阻即了解土壤含水量。

要得到可靠的测量结果，须保证石膏块与土壤之间接触良好。石膏块可以永久性地埋在需要的深度，埋在土中的石膏块可维持3～5年的寿命（与土壤类型有关）。这种方法非常方便，测量范围宽，土壤很干燥及水分饱和时都可以测定。特别是张力计不适宜的砂土与黏土，以及土壤非常干燥时，石膏块法表现好。

（四）中子探测器法

这种方法的原理是中子从一个高能量的中子源发射到土壤中，中子与氢原子碰撞后，动能减少、速度变小，这些速度较小的中子可被检测器检测到。土壤中的大多数氢原子都存在于水分子中，所以检测到的中子数量可转化为土壤水分含量。转化时，因中子散射到的土壤体积会随水分含量变化，所以也必须考虑到土壤容积的大小。在相对干燥的土壤里，散射的面积比潮湿的广。测量的土壤球体的半径范围为几厘米到几十厘米。中子水分仪型号多样，国产进口都有，测定快速，不足之处为价格较高。

（五）时域反射仪法（TDR）

这个方法是基于水分子的带电性质。水分子具有导电性而且是极性的，还具有相对较高的绝缘灵敏度，该绝缘灵敏度也可代表电磁能的吸收容量。设备由两根平行的金属棒构成，棒长为几十厘米，可插在土壤里。金属棒连有一个微波能脉冲产生器，示波器可记录电压的振幅并传递两根棒在土壤介质不同深度时它们之间的能量瞬时变化。由于土壤介电常数的变化取决于土壤含水量，由输出电压和水分的关系则可计算出土壤含水量（常用单位容积土壤的水分含量）。时域反射仪有进口也有国产，型号多，是水分速测的主要仪器。测定速度快，适用范围广，也可用于定点监测。不足是价格昂贵，难以用于指导生产。

（六）土壤湿润前锋探测仪

土壤湿润前锋探测仪（Wetting Front Detector）是澳大利亚联邦科学与工业研究组织（CSIRO）土地与水分部斯特尔扎克博士（R. J. Stirzaker）的研究成果。现由南非的阿革里普拉思有限公司生产。"湿而停"（FullStop）是其商标名。湿润前锋探测仪由一个塑料漏斗、一片不锈钢网（作过滤用）、一根泡沫浮标组成，安装好后将漏斗埋入根区。当灌溉时，水分在土壤中移动，当湿润峰到达漏斗边缘时，一部分水随漏斗壁流动进入漏斗下部，充分进水后，此处土壤处于水分饱和状态，自由水分将通过漏斗下部的过滤器进入底部的一个小蓄水管，蓄水管中水达到一定深度后，产生浮力，将浮标顶起。浮标长度为地面至漏斗基部的距离。用户通过地面露出部分浮标的升降即可了解湿润峰到达的位置，从而作出停止灌溉还是继续灌溉的决定。当露出地面的浮标慢慢下降时，表明土壤水减少，或湿润峰前移，下降到一定程度即可再次灌溉。

湿润前锋探测仪可以用来制定灌溉计划。水分到达某一深度的时间与土壤的初始含水量有关。如果灌溉前土壤是干燥的，由于水分在移动过程中要填充土壤孔隙，湿润峰移动很慢，要使检测仪有反应需要较长时间（即灌溉的时间长）。如果土壤灌溉前湿度大，则湿润峰移动的速度快，因为土壤孔隙已被水饱和。此时检测仪检测到湿润峰的时间就短。

湿润前锋探测仪从结构、用法上都非常简单，用户可直观了解其工作过程。该设备适应性广，各种土壤间无须校正。当只需维持土壤一定湿度时，用它监测土壤水分状况非常方便。如浮标沉下去，开始灌溉，浮标浮起来，停止灌溉。

漏斗底部的蓄水管可以贮存土壤溶液，可用一条细管将其吸出，供监测硝态氮、电导率、pH值等，从而了解是否存在养分淋溶和盐分累积问题。

土壤湿润前锋检测仪通常要两支同时使用。一支浅埋，一支深埋。对滴灌来讲，检测仪要埋在滴头的正下方。通常情况下浅的一支埋在30厘米左右，深的一支埋在60厘米左右。具体的深度应根据根层分布深度而定。对喷灌和微喷灌而言，检测仪要埋得浅一点，一般埋20厘米和40厘米两个深度。

虽然文献中有无数的灌溉计划制定的研究数据，但能够直接应用的很少。现实情况是绝大部分用户是根据经验指导灌溉。可通过观察树体的水分状况及挖开土壤察看，确定灌溉的开始时间。根据土壤的湿度变化，确定灌溉停止的时间。经过几次的观察和比较，一般用户都能凭经验做到"精确灌溉"。用张力计监测土壤水分状况也是一种简易而实用的办法。张力计使用的理论指导是土壤水分特征曲线。但针对具体土壤的水分特征曲线测定较复杂，不易获得。用户可以在田间根据经验摸索出读数和土壤水分的关系。

三、植物水分监测

灌溉的最终目的是满足作物的水分需求。蒸腾作用是植物耗水的主要途径。陆生植物吸收的水分，只有约1%用来作为植物体的构成部分，绝大部分都通过蒸腾作用散失到大气中。当低温阴天时，蒸腾作用几乎停止，一般不需要灌溉。植株生长的正常状态也是一种水分平衡状态，即作物的蒸腾失水速率和土壤的供水速率保持一致。一旦水分平衡被打破，作物就会表现出缺水症状。通常可以从作物形态指标上来观察。如作物生长速率减缓、幼嫩枝叶的凋萎等。形态指标虽易于观察，但是当植物在形态上表现出受旱或缺水症状时，其体内的生理生化过程早已受到水分亏缺的危害，这些形态症状只不过是生理生化过程改变的结果。因此，应用灌溉的生理指标，更为及时和灵敏。但生理指标需要精密仪器，在生产上的应用存在局限性。

（一）叶水势

叶水势是一个灵敏反映植物水分状况的指标。当植物缺水时，叶水势下降。对不同作物，发生干旱危害的叶水势临界值不同。玉米当叶水势达到-0.80兆帕时，光合作用开始下降，当叶水势达到-1.2兆帕时，光合作用完全停止。但叶水势在一天之内变化很大，不同叶片、不同取样时间测定的水势值是有差异的。一般取样时间以上午9时至10时为好。

测定叶水势需要精密仪器，常用的有露点仪和压力室仪。露点仪可以进行活体测量和连续监测；而压力室仪是破坏性测定，由于仪器昂贵，对生产中的灌溉指导意义不大。

（二）细胞汁液浓度或渗透势

干旱情况下叶片细胞汁液浓度常比正常水分含量的植物高，而浓度的高低常常与生长速率成反比。当细胞汁液浓度超过一定值后，就会阻碍植株生长。冬小麦功能叶的汁液浓度，拔节到抽穗期以6.5%～8.0%为宜，9.0%以上表示缺水，抽穗后以 10%～11%为宜，超过 12%～13%时应灌水。测定时需要将叶片捣碎榨汁，在田间可以用便携式电导率仪测定。由于目前没有各种作物的细胞汁液浓度与作物缺水的相关性资料可供参考，此法在指导灌溉上可操作性较差。

第二节 土壤养分管理

一、土壤养分监测

要制定合理的施肥措施，为作物提供最佳的营养条件，必须了解土壤的养分状况和作物的养分规律。宏观来讲，土壤普查资料可以提供各种土壤类型养分丰缺的基本情况。特别是近几年开展的测土配方施肥项目，积累了大量的土壤基础数据。但针对具体的地块，实地测定更有指导意义。土壤养分的实验室测定是一套成熟的技术，在保证取样代表性的前提下，土壤分析可提供较准确的数据，反映土壤的养分丰缺状况。有关土壤分析技术，已有多种专著详细介绍分析方法和项目（如《土壤农业化学分析方法》，鲁如坤主编；《土壤农化分析》，南京农业大学主编）。常规的分析包括土壤有机质、pH 值、电导率、速效氮磷钾等。目前有关农业大学、农业科研单位及县市的测土配方施肥实验室均可提供分析测试服务。土壤实验室分析虽然准确，但从取样至获得分析结果时间较长（数天以上），目前的分析费用也比较高，分析结果缺乏实时性，不能提供快速的土壤诊断，容易错过施肥最佳时期。鉴于此，在生产上土壤分析一直没有得到广泛的应用。对于一些大型果园、菜场、花场，不定期地进行土壤分析，有利于做出科学的施肥决策。

对土壤养分的速测可以提供实时的土壤信息，但其准确性比实验室分析差。在田间生产条件下，土壤速测的准确性可以满足生产的要求。土壤速测时土壤溶液的制备有两种方法：一是现场取土样，用有关浸提液浸提，过滤后溶液进行速测。二是在土壤中埋设土壤溶液采集器（图3-3），土壤溶液采集器的工作原理与张力计类似。通过给贮

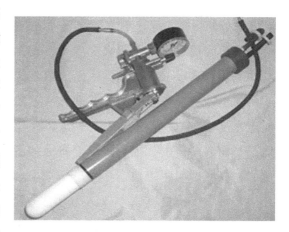

图3-3 土壤溶液采集器

水管抽真空，使管内的水势低于土壤水势，土壤溶液通过陶瓷头进入贮水管，溶液中的离子用于速测。目前有专业公司生产的速测箱提供土壤溶液中各种离子及酸度的测定。

河南农业大学迅捷测试技术有限公司开发生产的 YN 型集成式土壤肥料养分速测仪，方便携带，测试速度快，能达到一定的测试精确度。适合田间现场测试需要。该仪器配置齐全，考虑了田间测定时所需的各种必备设备和试剂。可测定的项目包括土壤水解氮、铵态氮、硝态氮、速效磷、速效钾、有机质和 pH 值，土壤水分，氮、磷、钾化肥中有关养分测定等。现场测定完成后，可参照说明书中所附的土壤养分丰缺指标来对土壤肥力进行分级，从而定性或半定量地指导施肥。

德国默克（Merck）公司开发生产的养分速测包，可以测定绝大部分的阴离子和阳离子。有些用离子试纸，如硝态氮、铵态氮、磷酸根、pH 值、钾离子等；有些要应用试剂进行现场的比色反应，如氯离子；有些用便携式仪器现场测定，如电导率等。当测定土壤溶液磷的含量时，如果速测结果只有百万分之几的浓度，表明土壤可能处于缺磷状态；如果速测结果有百万分之十几的浓度，表明土壤磷处于丰富状态，无须施用磷肥。土壤 pH 值是一个非常重要的参数，适宜的酸度可以保证土壤养分的有效性处于最佳范围。通常土壤 pH 值在 6.0～7.5 最佳，土壤过酸不利于根系的生长，特别对南方酸性土壤，当 pH 值过低时，土壤中铝会以离子状态出现，增加其毒性，根系生长受到严重抑制。另外灌溉施肥时长期用铵态氮肥和尿素，也会导致土壤变酸，定期监测不同土层的酸度变化也是必要的。

除 pH 值外，由于测定的主要为速效养分，是个相对量，其数值与浸提剂的种类、浸提的环境条件、振荡时间等有关，对测定结果的解读通常成为一个问题。目前有效养分的参考指标还不够细致，对结果的解读可能会存在较大的误差。

土壤溶液提取器可以用来提取土壤溶液。特别在原位监测中被广泛采用。当土壤的基质势大于-30 千帕，用土壤溶液提取器提取土壤水是有用的。当基质势小于-30 千帕时，土壤中水分移动非常缓慢，提取一定量溶液需要很长时间（几小时至几十小时）。应用土壤溶液提取器可以测定土壤溶液中的离子浓度，但测定值只具有参考价值。因为提取器提取的溶液浓度与土壤水分关系密切。土壤湿度越大，提取的时间越快，溶液离子浓度越低；反之越高。提取器提取土壤溶液会产生多种误差。这些误差包括提取时的速率，陶瓷头的化学组成，土壤水分移动速率，土壤溶液组成的非均质性。土壤溶液中的硝酸盐含量受提取时的速率、陶瓷头与土壤的接触状态、取样器埋深和大小的影响。为了减少样品的变异性，应使用透过率和大小均匀一致的取样器，同时取样的时间和真空压力也应保持一致。取样器使用之前，陶瓷头应用稀酸清洗。因为陶瓷头可能会向溶液中释放一些溶质。土壤水分样品代表了取样时陶瓷头周围土壤溶液的情况。如果在土壤剖面中水分是流动的，取样的目的是获得通过取样器的所有水分的代表性样品，则要随时间变化取多个样品。很多人用提取器来测定土壤中盐分的流动，发现田间的变异性非常大。测定土壤剖面中的硝酸盐含量时也发现空间变异非常大。因此得出结论，土壤水分样品，作为一个"点源"样品，可为土壤溶质流动的数量提供一个相对变化的参考指标，但不能提供一个量化指标，除非这种测定的变异性确定下来。

另外，陶瓷头材料本身对离子的吸附是值得注意的另一个问题。陶瓷头材料比较容易吸附阳离子，造成测定结果不准确。溶液取样器对土壤中的非吸附离子如氯离子、硝酸根离子的提取是一种简单方便的方法。

前面介绍的土壤湿润前峰探测仪也可用来提取土壤溶液。当底部的贮水管满水后，浮标会升起来。此时可以通过抽吸管将水吸出，再用速测方法测定有关参数。当土壤较干时，此法提取不到土壤溶液。

通过土壤的化学分析能否真实反映土壤养分状况，取样的代表性是个关键问题。由于土壤的不均质性和施肥的不均匀，样品之间测定的结果差异很大。为扩大取样的代表性，在土壤肥力差异不大的情况下，多点取样混合再用四分法是常用措施。但对于土壤肥力变异较大，种植了作物，土地不平整的情况下（如南方丘陵果园），取样相对复杂些。一般取根系区和非根系区（或施肥区和非施肥区），分开测定。如根系层在 0～30 厘米范围，则不分层取样，否则要分层取样。最好用专用土钻取样，或者可以挖开小剖面，用小刀或小铲取样。

二、植物养分监测

（一）作物的营养吸收规律

要制定合理的施肥建议，除了要了解土壤的养分状况外，还必须了解作物对养分的吸收规律，影响养分吸收的环境条件等。作物的营养规律是作物的固有特性之一，一般不因时间、地点等环境条件产生较大的变动。目前对于作物营养及吸收规律的研究已经相当广泛和深入，积累了大量的数据资料，许多主要作物的养分规律已经在生产上广泛应用。表 3-2 和表 3-3 列出了一些作物养分需要量。

表 3-2 作物养分需要量

(每生产 100 千克经济产量作物吸收的养分数量)

作物	养分需要量（千克）			作物	养分需要量（千克）		
	N	P	K		N	P	K
小麦	3.7	0.6	3.8	大豆	12.0	1.0	4.4
玉米	3.0	0.6	2.5	花生	6.0	0.43	3.9
大麦	3.0	0.48	2.5	甜菜	0.85	0.06	1.5
棉花	12.0	1.9	7.0	马铃薯	0.66	0.07	0.99
高粱	3.0	0.43	2.1	甘蔗	0.13	0.04	0.28

表 3-3 部分蔬菜及果树养分的需要量

(每生产 100 千克经济产量所需要的养分数量)

作物	养分需要量（千克）			作物	养分需要量（千克）		
	N	P	K		N	P	K
黄瓜	0.40	0.15	0.46	温州蜜柑	0.60	0.05	0.33
番茄	0.45	0.22	0.42	梨	0.47	0.10	0.40
卷心菜	0.41	0.02	0.32	葡萄	0.60	0.13	0.59
大白菜	0.22	0.04	0.21	苹果	0.30	0.03	0.27

不同作物对养分的需求存在很大的差异。尽管土壤通过风化作用和其他自然过程会释放出一些养分，但土壤释放的养分只能满足作物需要的一部分，其余要靠施肥来解决。

上述作物养分的需要量并非一个绝对数值，而是一个范围。笔者查找相关资料时，会发现不同来源的数据存在差别。作物的养分需要量只能给出一个粗略的施肥建议。当目标产量确定后，可以据此算出氮磷钾的总需要量，根据肥料的养分含量，计算出需要各种具体肥料的数量。如果通过土壤分析能了解土壤的养分状况，必须扣除土壤能够提供的这部分养分含量。由于肥料施入土壤后存在流失、固定等情况，必须考虑养分的当季利用率，最后才能计算出具体的施肥量。由于各地土壤肥力的差异和养分利用率的不同，目标产量施肥法很难建立一个应用标准，灵活性强，在实际生产中不易推广。但对养分需求的了解，可从理论上推算施肥量的大致范围，对指导生产仍有实际意义。

即使可以准确地计算出总的需肥量，但这些肥料如何分配，什么时间施用仍是一个问题。作物在不同生长阶段具有不同的养分需求，合理的肥料分配必须照顾到养分吸收的阶段性规律。图3-4列出了番茄在不同阶段的养分吸收规律。

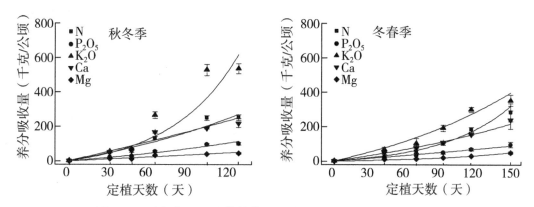

图3-4　番茄在不同季节的养分吸收规律（何世朋 等，2020）

由图3-4可知，在作物不同的生育时期，对养分的吸收量存在很大差别。在整个生育期对磷的吸收都处于较低而平稳的水平，变化幅度很小，吸收峰不明显。而对氮、钾来讲，苗期吸收量与磷相近，进入初果期以后，氮、钾的吸收量迅速上升，80天左右达到第一个吸收高峰，至120天盛果期时，达到第二个吸收高峰。此时与初果期相比，氮的吸收增加了约9倍，钾的吸收增加了约15倍。在高峰期，钾的吸收量约是氮吸收量的2倍。根据这一规律，磷可以作基肥施用，满足整个生育期的磷的需求。当然在整个生育期通过灌溉系统补充磷肥更佳。氮、钾的施用前期较少，进入初果期后逐步增加，盛果期达到最大用量。各种作物的养分吸收规律在有关的栽培技术书中均可查到。特别是大面积栽培的常规作物养分规律已相当清楚。

养分的需求量和吸收速率是决定施肥策略的重要参数，可为合理施肥提供理论上的指导。但这是一种理想状态，其数值是用实验方法模拟田间生长环境来测定具体某个作物品种对养分的吸收量和吸收速率。但养分的吸收还会受很多因素的影响，如土壤的pH、水分状况、离子间的相互作用、气候条件（尤其是温度）、根系活力等。水和土壤或生长基质中的养分浓度会因为发生沉淀反应、吸附作用而产生变化。因此仍需要考虑一些其他因素以确定最佳施肥量。

（二）外观诊断

肉眼观察植物缺素症是一种常用的诊断方法。虽然某种养分的缺乏会引起叶片颜色变化、叶片枯萎以及植物器官变形等，但是这些症状也可能是由其他因素引起。所以，高水平的鉴定是正确诊断的前提。外观诊断的缺点是缺素很严重时才会出现症状，而这时要补充养分已经太晚，从而不能获得最高产量。介绍植物营养学的书籍对各种元素的缺乏和过量均有详细描述，如鲁如坤等著的《土壤-植物营养学原理和施肥》；渡边和彦著，罗小勇编译的《作物营养元素缺乏症与过剩症的诊断与对策》；邱强等编著的《原色农作物营养诊断图谱》；仝月澳、周厚基著的《果树营养诊断法》；查普曼主编，庄伊美等译的《园艺植物营养诊断标准》；高桥英一等著、张美善译的《新版植物营养元素缺乏与过剩诊断原色图谱》；陆景陵、陈伦寿编著的《植物营养失调症彩色图谱诊断与施肥》。现在大量的缺素症状都可以在网络上查到，只要在百度或谷歌的图片库中搜寻即可。

许多典型的缺素症是在营养液培养下获得的。即在完全营养液配方中减去某一营养元素，对作物进行培养，从而获得典型的单一元素缺素症状。但田间的情况要复杂得多。有时土壤缺乏多种元素，这时作物表现的是缺乏多种元素的综合症状。由于没有综合症状的相关参考标准，外观判断非常困难。缺素以外的生理症状，如大气污染、干旱、水涝、低温等也会在叶片上表现症状，因此要区分这些症状需要有一定的经验和对生产环境的了解。对于养分条件正常情况下作物生长的反应则具有共性。一般表现为叶色浓绿，叶片大而厚，叶片有光泽，生长势壮旺，生长速度快。对有生产经验的种植者来讲，他们一般了解自己所种的作物是否处于营养合理和平衡状态。

（三）叶分析技术

外观诊断可以提供快速而直接的手段，但有时养分的缺乏处于潜在阶段，外观并没有表现。尤其是木本果树，树体具有贮藏养分的特点。当土壤缺乏某种养分时，可以调用贮藏的养分，树体仍然生长正常。因此除了分析土壤以外，还要分析植株，分析植株最理想的部位是叶片。大量研究证实，同一种或同一品种植物叶内的矿质元素含量在正常条件下是基本稳定的。若将需诊断植株叶片与正常生长发育的叶片内的标准含量相比较，就可判断该植株内元素含量水平的高低，并能在肉眼可见的营养失调症状出现之前诊断出营养不平衡的问题来，从而可以通过施肥或其他措施来调节树体内的营养平衡关系。叶分析是确定营养缺乏症和中毒症最有效的手段和工具。通过叶片分析进行植物营养诊断，进而指导科学施肥，是一些农业发达国家常用的一项技术，并取得了显著的经济效益，对提高肥料利用率、提高产量和改进品质起了很大作用。

叶分析的主要环节有：①建立统一的取样和制备叶样方法的标准；②分析时应

采用标准参比样进行质量控制，以保证分析结果的准确可靠；③建立各种作物的矿质元素含量标准值，作为营养诊断标准；④将分析结果与标准值进行比较后，得出诊断报告，并结合所在地的土壤、气候、灌溉、管理等各方面情况，对分析结果作出解释并提出栽培管理上的咨询意见。

叶分析大量应用在园艺作物上。尤其是多年生果树更适宜用叶分析手段来了解树体养分状态，它为后期果树生长提供充分的养分条件提供理论依据。《果树营养诊断法》（仝月澳、周厚基著）和《园艺植物营养诊断标准》（查普曼主编，庄伊美等译）中有各种园艺作物的营养诊断标准。表3-4介绍了某基地荔枝叶片营养诊断的一个例子。

表3-4　荔枝叶片营养诊断

（样品：荔枝叶片；果农：**；地址：**；分析单位：**）

项目	分析结果	正常值	评价
氮（%）	2.09	1.5～1.8	高
磷（%）	0.28	0.14～0.22	略高
钾（%）	1.52	0.7～1.1	略高
钙（%）	0.31	0.6～1.0	缺乏
镁（%）	0.24	0.3～0.5	略低
钠（%）	0.01	0.02～0.05	适中
硫（%）	0.15	0.12～0.30	适中
锌（毫克/千克）	35	15～30	略高
铁（毫克/千克）	37	50～100	偏低
铜（毫克/千克）	27	10～25	略高
锰（毫克/千克）	39	100～250	低
硼（毫克/千克）	19	25～60	偏低

施肥建议：氮偏高。通常认为叶片中氮高于1.8%对产量和品质都有不良影响。建议在叶片中氮降低之前不要施用氮肥。钾偏高的不良作用没有氮那么明显，此处不用担心钾的问题。钙严重缺乏，建议每公顷施用1.5吨石膏，也可喷"动力钙"（16%钙+1%硼），每棵树60毫升。为提高叶片镁的水平，建议每公顷施250千克硫酸镁。铁、锰缺乏，建议喷EDTA-Fe、EDTA-Mn补充。花前至采果前3～4次喷施"果农动力钾40"。

由叶分析所得的施肥建议并不总是很有针对性。植物组织中的养分浓度会随着组织的生理年龄而变化。大气湿度和温度以及土壤湿度会通过影响植株的蒸腾、溶质转移和生长速率从而影响养分浓度，所以植物组织采样需要有严格的标准。通常应该从生长旺盛没有任何干旱迹象的植株取样。

根据叶片分析能否作出合理的诊断和提出合理的施肥建议，叶片养分标准值至关重要。叶片养分的丰缺指标通常是通过单因子试验（如在其他因素良好的状况下，设置多个氮的施肥量，找出最佳产量的叶片含氮量作为正常含氮量）确定或对田间做大量调查，将生长良好叶片的元素含量作为标准值。表3-5列出了美国加利福尼亚州广泛使用的叶分析标准值。

表3-5　美国加利福尼亚州部分蔬菜作物叶片分析的取样时间、
部位、养分丰缺水平　　　　　　　　　单位:%

作物	取样时间	部位	N		P		K	
			缺乏	丰富	缺乏	丰富	缺乏	丰富
甜瓜	生长早期	生长点始第6片叶的叶柄	2.50	3.50	0.30	0.60	4.00	6.00
	初果期	生长点始第6片叶的叶柄	2.00	3.00	0.20	0.35	3.00	5.00
	开始收获	生长点始第6片叶的叶柄	1.50	2.00	0.15	0.30	2.00	4.00
芹菜	生长中期	叶柄	1.00	1.50	0.25	0.55	4.00	5.00
	长鳞茎前	新出完全展开叶	4.00	5.00	0.20	0.30	3.00	4.00
大蒜	鳞茎生长期	新出完全展开叶	3.00	4.00	0.20	0.30	2.00	3.00
	鳞茎生长后期	新出完全展开叶	2.00	3.00	0.20	0.30	1.00	2.00
生菜	开始结球	叶片	1.50	3.00	0.20	0.35	2.50	5.00
	成熟前	叶片	1.25	2.50	0.15	0.30	2.50	5.00
洋葱	生长中期	最长叶	2.00	2.50	0.10	0.20	2.50	2.50
甜椒	盛花期	叶片及叶柄	2.00	3.50	0.15	0.25	1.50	2.50
	植株约40厘米高	生长点开始第4片叶的叶柄	2.50	3.50	0.20	0.30	9.00	11.00
马铃薯	生长中期	生长点开始第4片叶的叶柄	2.25	2.75	0.10	0.20	7.00	9.00
	收获前	生长点开始第4片叶的叶柄	1.50	2.25	0.08	0.15	4.00	6.00
菠菜	生长中期	成熟叶片及叶柄	2.00	4.00	0.20	0.40	3.00	6.00
	收获期	成熟叶片及叶柄	1.50	3.00	0.20	0.35	2.00	5.00
甜玉米	抽雄期	茎基部以上第6片叶	2.75	3.50	0.18	0.28	1.75	2.25
	吐丝期	第1穗上部叶	1.50	2.00	0.20	0.30	1.00	2.00

（续表）

作物	取样时间	部位	N 缺乏	N 丰富	P 缺乏	P 丰富	K 缺乏	K 丰富
番茄	花期	成熟叶片及叶柄	2.00	3.00	0.20	0.35	2.50	4.00
	第一批果	成熟叶片及叶柄	1.50	2.50	0.15	0.25	1.50	3.00

目前还没有世界通用的叶分析标准值。各个研究单位由于在取样时间、叶龄、叶位、样品处理及分析方法上都存在差异，得到的结果也存在一定的变异。即使同一样品，用规定完全一致的方法，在不同实验室分析也会存在差异。表3-5和表3-6所列数据有些为多个地区的平均值，有些为某一地区的推荐值（张承林 等，2012）。表3-7列出了美国5个实验室对同一样品（柑橘叶柄）分析的结果。用户在应用时，最好针对某一作物查找更多资料，对比后作诊断结论。即使目前的诊断标准值存在变异，但仍给出了各种养分正常含量的大致范围。结合土壤分析和外观诊断，制定出的施肥计划是相对合理的。

表3-6 几种果树叶片分析的取样时间、部位、养分丰缺水平

单位:%

作物	取样时间	部位	N 缺乏	N 丰富	P 缺乏	P 丰富	K 缺乏	K 丰富
柑橘	坐果早期	新梢上近果实叶片	2.20	3.00	0.10	0.30	0.70	2.40
	吸芽生长期	顶端第3叶	3.30		0.21		3.60	
香蕉	抽穗期	顶端第3叶	0.65	0.80	0.08	0.10	0.70	2.40
	抽穗期	顶端第7叶叶脉	0.40		0.07		2.10	
杧果	初花期	新抽梢老熟叶片	2.08	2.25	0.15	0.21	0.58	0.88
荔枝	开花期	新抽梢老熟叶片	1.50	1.80	0.14	0.22	0.70	1.10
苹果	初果期	新抽梢老熟叶片	2.20	2.50	0.20	0.30	1.25	1.75
葡萄	开花期	老熟叶片	0.90	1.30	0.16	0.30	1.50	2.50
桃	果实发育期	老熟叶片	3.25	4.00	0.20	0.40	1.50	2.00

表3-7　不同实验室对同一样品（柑橘叶柄）的养分分析结果

实验室编号	N（%）	P（%）	K（%）	Zn（毫克/千克）	Mn（毫克/千克）
1	2.2	0.13	1.36	23	49
2	2.2	0.12	0.92	31	30
3	2.1	0.13	1.18	28	30
4	2.4	0.14	1.01	22	32
5	2.4	0.13	1.07	21	27

要制定灌溉施肥的合理计划，除了考虑上述因素以外，灌溉水的养分含量也是值得考虑的问题。海南某农场所用水源为一小型火山口湖水，含磷3毫克/升，含钾达8毫克/升，施肥时主要补充氮即可。许多地下水含有一定数量的硝酸根、钙、镁、钾、硫酸根、氯、碳酸根、碳酸氢根等离子，其含量多少及比例直接决定了水质好坏及能否用于灌溉施肥。通常要求pH呈中性或微酸性，电导率小于1.0毫西/厘米。

三、施肥方案的制定

安装好灌溉设施后，制定施肥方案是核心内容。施肥方案必须明确施肥量、肥料种类、肥料的施用时期。理论上讲，施肥总量应该根据目标产量需要的养分量减去土壤提供的养分量。由于施入土壤的肥料存在各种途径的损失，因此实际的施肥量还要考虑肥料的利用率，即比理论施肥量要高。通常达到目标产量所需的养分量是相对固定的（同一品种世界各国的数据相差不大），而土壤的供肥量各地相差很大，测土由于受仪器、取样代表性、数据解读等方面的影响，通常通过测土获得土壤的供肥量也不容易。肥料利用率这个参数更是变幅很大，受肥料形态、施肥方法、施肥时期等多因素影响。施肥总量到底该怎么制定？一般用两种方法解决施肥总量的问题。

（一）目标产量法

目标产量法的核心是根据养分投入与产出的平衡计算一定产量、一定生态区域和栽培条件下肥料的用量。这一方法是国内外配方施肥中最常用、最基本和最重要的方法之一。对草本作物而言，在一定目标产量下作物吸收的养分量是比较清楚的。因此先计算具体目标产量下需要的氮、磷、钾总量。根据长期的调查，在水肥一体化技术条件下，氮的利用率为70%～80%，磷的利用率为40%～50%，钾的利用率80%～90%，则可计算出具体的施肥量，然后折算为具体肥料的施用量。对砂土而言，可直接应用上面的施肥量。对壤土和黏土，假定土壤能提供20%左右的养分，所以最后的施肥总量应乘以80%。对木本果树或林木，主要根据收获物带走的养分来计算施肥总量。目标产量法又包含养分平衡法和地力差减法。

1. 养分平衡法

优点是概念清楚，有理论基础，容易掌握。缺点是由于土壤具有缓冲性能，土壤养分处于动态平衡，因此，测定值是一个相对量，不能直接计算出"土壤供肥量"，通常要通过试验，取得"校正系数"加以调整。

2. 地力差减法

优点是不需要进行土壤测试，避免了养分平衡法的缺点。但空白田块产量不能预先获得，给推广带来了困难。同时，空白田块产量是构成产量诸因素的综合反映，无法代表若干营养元素的丰缺情况，只能以作物吸收量来计算需肥量。当土壤肥力越高，作物对土壤的依赖率越大（即作物自土壤吸收的养分越多）时，需要由肥料供应的养分就越少。此时本方法带来的误差会增大。

通过目标产量法进行配方施肥，目标产量的关键步骤是获得准确的施肥参数。计算公式如下：

$$作物施肥量 = \frac{目标产量 \times 单位产量需肥量 - 0.15 \times A \times K}{肥料利用率 \times 肥料中的养分含量（\%）}$$

式中：A 为土壤养分测试值；K 为土壤有效养分校正系数。

以香蕉为例，目标产量为4 500千克/亩，每生产1 000千克香蕉的需肥量为：N 2.0千克、P_2O_5 0.5千克、K_2O 6.0千克，1亩香蕉营养体的需肥量为：N 15.0千克、P_2O_5 4.0千克、K_2O 65.0千克，养分总需求量为：N 24.0千克、P_2O_5 6.25千克、K_2O 92.0千克；按水肥一体化技术条件下当季氮肥利用率70%～80%，磷肥为40%～50%，钾肥为80%～90%；实现上述产量应亩施：N 40.0千克、P_2O_5 20.8千克、K_2O 131.5千克。如果土壤肥力中等，假定可以提供20%的养分，则最后的施肥量为：N 32.0千克、P_2O_5 16.6千克、K_2O 105千克。再以香蕉养分需求特点为依据，拟定香蕉各生育期施肥量。

（二）经验法

调查种植户常规种植的施肥量。当采用水肥一体化技术后，肥料利用率通常会提高 40%～50%。因此计划的施肥总量等于常规施肥量乘以 50% 或 60%。此方法适合土壤肥力条件正常的情况。对砂土及盐碱土不适宜。美国加利福尼亚州对蔬菜作物主要是确定氮的推荐用量（表 3-8），然后确定氮磷比、氮钾比。

施肥总量确定后，折算为当地市场能购买到的具体水溶性肥料含量。肥料的分配主要遵循"少量多次"的原则。最好的原则是根据作物的养分吸收曲线来分配，吸收多时分配多（如旺盛生长期，果实快速膨大期等），吸收少时分配少（如苗期、果实收获前期等）。如对作物的营养规律不了解，为了简化施肥方案，也可以平均分配施肥量。"多次"是指比常规施肥多 3 倍以上的次数。如常规种植追 3 次肥，采用水肥一体化技术后要追 9 次肥甚至更多次。在以色列的自动化灌溉系统中，每次灌溉都结合施肥。特别是砂土，更加强调"少量多次"。"少量多次"是水肥一体化技术的核心原则，否则发挥不了节肥增产的效果。少量多次施肥使施肥变得更加灵活。虽然制定了施肥总量，这些肥料是否全部要施完也不一定，主要看作物的长势。如果已施入的肥料效果已达到目标产量，剩下的肥料可以不施。另外也可以根据作物长势随时增加施肥量。

表 3-8 美国加利福尼亚州蔬菜作物每天或每周由灌溉施用的氮肥数量

作物	取样时间	大致的氮肥需要量	
		千克 N/（公顷·天）	千克 N/（公顷·周）
花椰菜	生长早期	0.79～2.39	5.6～16.8
	生长中期	1.59～3.20	11.2～22.4
	莲座形成初期	2.39～4.80	16.8～33.6
	莲座期	1.59～3.20	11.2～22.4
黄瓜	营养生长期	0.79～1.59	5.6～11.2
	开花初期至坐果期	1.59～3.20	11.2～22.4
	果实生长期	1.59～2.39	11.2～16.8
	开始收获	0.79～1.59	5.6～11.2
生菜	生长初期	0.79～1.59	5.6～11.2
	开始结球	1.59～3.20	11.2～22.4
	旺盛生长期	2.39～4.80	16.8～33.6

（续表）

作物	取样时间	大致的氮肥需要量	
		千克 N/（公顷·天）	千克 N/（公顷·周）
甜瓜	营养生长期	0.79~1.59	5.6~11.2
	开花初期至坐果期	1.59~3.20	11.2~22.4
	果实生长期	1.59~2.39	11.2~16.8
	开始收获	0.79~1.59	5.6~11.2
辣椒	营养生长期	0.79~1.59	5.6~11.2
	开花初期至坐果期	2.39~4.80	11.2~22.4
	果实生长期	2.39~3.20	16.8~22.4
	开始收获	0.79~1.59	5.6~11.2
南瓜	营养生长期	0.79~1.59	5.6~11.2
	开花初期至坐果期	1.59~3.20	11.2~22.4
	开始收获	0.79~1.59	5.6~11.2
番茄	营养生长期	0.79~1.59	5.6~11.2
	开花初期至坐果期	2.39~3.20	11.2~22.4
	果实生长期	1.59~2.39	11.2~16.8
	开始收获	0.79~1.59	5.6~11.2

养分平衡也是水肥一体化的核心原则。通常种植户重视氮肥、磷肥、钾肥的施用，但忽略了钙镁及微量元素的补充，最后也不能获得高产优质的结果。现在水溶性复合肥料有多种配方，很多配方除氮、磷、钾外，还添加了钙、镁及微量元素。如果用单质肥料如尿素、硝酸钾、硫酸镁等，建议种植户通过多种方式达到养分平衡。常用的做法是施入有机肥作基肥、喷施叶面肥补充微量元素、基施磷肥及常规复合肥等。对刚接触水肥一体化技术的农户，建议有机肥与无机肥配合施用，基肥与追肥配合施用，土壤施肥与叶面施肥配合施用。

对于中、微量元素来说，只存在施与不施的问题，对量的要求不很严格，故没有必要做多水平的田间小区试验，而应进行简单田间对比试验。首先，根据专家建议或土壤测试结果初步确定土壤中、微量元素缺乏程度，并判断是否影响作物正常生长发育；其次，选择该地区最有可能影响作物生长的一种或几种中、微量元素进行田间对比试验；最后，在试验结果分析整理的基础上，判断该地区需要补施的中、微量元素肥料种类和施用量。

中微量元素施肥原则应为"因缺补缺"，可以通过经验、土壤测试或田间缺素试验确定一定区域中、微量元素土壤缺乏程度，并制定补充元素，一般微量元素最高不得超过 30 千克/公顷。例如，当土壤有效硼为 0.4～0.8 毫克/千克时，每公顷用硼砂 5～12 千克作苗期土壤追施，生长期以 3 千克硼砂喷施较好。随着土壤有效硼含量的提高，喷施硼砂效果较好。以生长期连续喷 0.2%硼砂 3 次为宜，每次每公顷喷 750～1 200 升。

在缺锌土壤中（土壤有效锌 0.7～1.5 毫克/千克），每公顷用硫酸锌 15～30 千克，如果已施锌肥作基肥，一般可以不再追施锌肥；如果未施锌肥作基肥，可在生长期连续喷 2～3 次 0.2%硫酸锌作根外追肥，2 次喷施锌肥之间相隔 7～10 天。

四、通过灌溉系统施肥的注意事项

应用水肥一体化技术后，灌溉技术通常比较容易掌握，大部分情况下就是保证根层土壤处于湿润状态。通过灌溉系统施肥有多项注意事项。下面对常见的问题进行分析和建议。

（一）过量灌溉问题

应用水肥一体化技术最常见的问题是过量灌溉。特别是安装滴灌的用户，总担心水量不够，人为延长灌溉时间。当不结合施肥时，过量灌溉至多是浪费一些水。当灌溉结合施肥时，就会产生非常严重的后果。过量灌溉后，溶解于灌溉水的养分会随水淋洗到根层以下，使施入的肥料不被根系吸收。对壤土和黏土而言，流失的主要是尿素、硝态氮（水溶肥的主要氮成分），造成作物缺氮。对砂土而言，过量灌溉后，各种养分都会被淋洗掉。避免过量灌溉很容易做到。了解根层的分布深度，灌溉时挖开土壤查看湿润的深度。根系层湿润时立刻停止灌溉。在多地发现水肥一体化技术效果不如常规施肥，大部分原因是过量灌溉造成的。一些示范点由于过量灌溉造成严重减产甚至颗粒无收。

（二）施肥造成的盐害问题

很多肥料本身是无机盐，溶于水后成为盐溶液。当通过喷灌、微喷灌系统喷肥时，实际上是向作物叶面喷盐溶液。如果盐分浓度过高，蒸发又快，很容易"烧"伤叶片。具体建议是大量元素水溶肥料喷施的浓度为 0.1%～0.3%。或者说 1 吨水加入 1～3 千克水溶肥。由于一些地方的水中含有盐分，最科学的办法是用电导率仪来监测溶液浓度。通常控制肥料溶液的 EC 值在 1～3 毫西/厘米。一些农户将肥料溶解后淋施根部，同样要注意稀释倍数。特别是多种肥料溶在一起，更容易出现盐害问题。在田间调查发现，一些用户对菠萝淋水肥，每吨水加入 70 千克化肥，淋根后根系被"烧"伤，腐烂发黑。在干旱地区、大棚或温室通过灌溉系统施肥，由于没有雨水的淋洗，连续多年施肥会造成土壤盐分积累（由养分的选择吸收造成）。为避免盐分对根系生长的不良影响，通常采用膜下滴灌和膜下喷水带的模式。这一模式在盐碱土地区及大棚蔬菜上大面积推广。在华南地区有充分的降雨，一般不担心盐分累积问题。

（三）施肥后的洗管问题

滴灌施肥时，先滴清水，等管道充满水后开始施肥。原则上施肥时间越长越好。施肥结束后立刻滴清水 20～30 分钟，将管道中残留的肥液全部排出（可用电导率仪监测，当测定的 EC 值与灌溉水相同时表明肥液全部排出）。如不洗管，可能会在滴头处生长青苔、藻类等低等植物或微生物，晒干后形成结块，堵塞滴头。一些水肥一体化的示范点反映施肥堵塞问题部分是由于滴肥后不洗管造成的。华南地区一些山地果园安装了滴灌，在春夏季土壤往往不缺水，但要通过滴灌施肥，这时要加快施肥速度，一般对浅根作物施肥在 30 分钟内完成，对木本果树施肥在 1 小时内完成，不用当时洗管，可以等过一两天洗管。

（四）滴灌施肥的养分平衡问题

滴灌是局部供水肥，根系主要在滴头下湿润范围内密集生长，这时根系更加依赖于滴灌提供的养分，而非土壤提供的养分。因此需要更加频繁地施肥解决营养问题。这就要求滴灌的肥料配比养分更加多元，更加速效。以色列等国滴灌用的肥料基本上都是水溶复合肥，除氮、磷、钾外，还有中、微量元素，这样就保证了全面提供根系营养。一些用户只通过滴灌施尿素，由于营养不全面，导致作物长势差。

（五）灌溉及施肥均匀度问题

对滴灌而言，灌溉均匀度也是要考虑的问题。灌溉的均匀度直接影响施肥的均匀度。测定田间灌溉均匀度的办法非常简单。在田间不同位置（如离水源最近和最远、管头与管尾、坡顶与坡谷等位置）选择几个滴头，先用杯子收集一定时间的出水量,然后用量筒量水的体积,折算为每小时的流量,即是滴头的流量。一般要求不同位置流量的差异小于10%。如果流量差异大于10%,表明灌溉系统设计存在缺陷。如压力不够、管道铺设过长、出水器质量低劣、电压过低、过滤器太密堵水严重等。只有灌溉均匀,施肥才均匀。水肥均衡供应,整个田间作物长势才能均匀。

第四章

植物养分与吸收过程

第一节　植物生长的养分需求

一、植物生长的必需营养元素

植物的生长过程是一个非常复杂的生理过程，这一过程伴随着一系列的生理生化反应。植物从环境中吸收营养物质和能量，完成自身生长、发育、繁殖的生命过程。其中最基本、最重要的是光合作用。通过光合作用，植物将光能转化为化学能，将水和二氧化碳转化为单糖和多糖。通过其他复杂的生理反应，利用光合作用的产物做原料，进一步合成脂肪、蛋白质、核酸等。植物的"长大"正是以这些物质的积累为基础。虽然植物体内有机物的种类多种多样，生理生化反应复杂多变，就像所有物质一样，植物的基本构成也是各种化学元素。

目前已经确认的植物必需营养元素有 16 种，它们是碳、氢、氧、氮、磷、钾、钙、镁、硫、铁、锰、锌、硼、铜、钼和氯。必需元素有 3 个基本要求，一是要参加植物的代谢过程；二是植物生命周期中不可缺少的元素；三是缺乏会表现出外部症状，只有补充这种元素，症状才会消失。在这 16 种元素中，碳、氢和氧主要来自空气和水，其余 13 种来自土壤或肥料。在 13 种营养元素中，植物对氮、磷、钾的需求较多，故称为大量元素；钙、镁、硫需要量中等，称为中量元素；铁、锰、锌、硼、铜、钼和氯需要量更少，称为微量元素。有些元素不是所有植物必需，只有部分植物必需，如钠、钴、钒、镍和硅，故称为有益元素。植物在吸收必需元素的同时，也吸收一些并不必需的元素。

以施肥形式供应的营养元素通常不包括碳、氢、氧，当自然环境中的营养条件不能满足作物生长发育的需要时，就应通过施肥来补充和调节某些营养元素，为作物生产创造适宜条件。化肥具有作物所需的营养元素含量高、速效、施用方便等特点，科学合理安全施用化肥是获取高产优质的基础。

从植物营养的基本原理来说，只有生长健康的植（作）物个体才能生产出健康而品质优良的产品。营养不足或过盛，都会导致作物不健康和降低品质。水果的质量与施肥的关系密切。安全合理施肥会促进果树健康生长，从而使水果品质得到改善。例如，提高水果中蛋白质、氨基酸、维生素、矿物元素等营养成分含量，可提高水果的适口性、外观色泽及耐贮性，同时降低水果的硝酸盐和重金属等有害物质含量。

低施肥量使作物表现为营养不良，植株不健康。此时增施肥料，产量和品质就可同时提高；施肥过量达到产量增加的潜力限度时，植株过多吸收的养分就成了奢侈吸收，既造成养分浪费，还会对质量产生负面影响。例如，氮肥施用过量，造成水果口感不佳，可能导致作物抗病虫、抗倒伏能力下降，产量降低；引起果品中硝酸盐富集；氮素淋失会对地表水和地下水产生环境污染；氨的挥发和反硝化脱氮会对大气环境产生污染。磷、钾肥施用过量后，果树营养期缩短，产量下降，品质变坏。一般在低施肥量阶段产量和品质大都随着施肥量增加而提高。当施肥量达到一定水平，继续增加施肥量谋求更高产量时，水果质量的增长曲线开始下降。

二、必需营养元素的生理功能

植物生长过程中对各种营养元素的需要量尽管不一样，但各种营养元素在植物的生命代谢中有不同的生理功能，相互间是同等重要和不可代替的。除碳、氢、氧外，其余 13 种营养元素一般称为矿质营养元素。它们主要以无机离子的形态被植物根系吸收，其生理功能如下。

1. 氮（N）

氮是构成蛋白质和核酸的成分。蛋白质中氮的含量占 16%～18%，是构成植物体内细胞原生质的基本物质，蛋白质和核酸都是植物生长发育和生命活动的基础。氮还是组成叶绿素、酶和多种维生素以及卵磷脂的主要成分。氮不仅是营养元素，而且还起到调节激素的作用，在维持生命活动和提高作物产量、改善农产品品质方面具有极其重要的作用。

氮可以促进作物生长发育，养分吸收和光合作用，参与体内代谢活动。作物缺氮时，很容易从其生长状况上观察出来。苗期缺氮，会因缺乏叶绿素而叶色发黄或呈淡绿色、生长缓慢、植株矮小。根系发育细长，瘦弱，籽实减少，品质变劣。成苗或成龄植株缺氮先出现在老叶，一般先从老叶下部黄化，逐渐向上部扩展。氮过多时造成营养生长过旺，出现"贪青晚熟"现象。

2. 磷（P）

磷是植物体内的核酸、核蛋白、磷脂、植素、磷酸腺苷和多种酶的组成成分。核酸和核蛋白是细胞核与原生质的组成成分，在植物生命活动与遗传变异中具有重要功能；植素是磷脂类化合物组成成分之一，磷脂是细胞原生质不可缺少的成分；磷酸腺苷对能量的贮藏和供应起着非常重要的作用；多种含磷酶具有催化作用；磷是糖类、含氮化合物、脂肪等代谢过程的调节剂，在能量转换、呼吸及光合作用中都起着关键作用，光合作用的产物要先转变成磷酸化的糖，才能向果实和根部输送。磷肥能增强作物的抗旱、抗寒能力，促进提早开花，提前成熟。

磷对植物的生长、分蘖、开花结果有重要作用。作物缺磷时，一些生长过程受阻，植株矮小，生长缓慢，叶片细小而无光泽，叶色呈暗红、暗紫色或深绿色。分蘖显著减少，开花结果延迟。植物根系不发达，根毛粗大发育不良。作物缺磷部位先是下位叶，以后扩展到上位叶。作物生长初期和种子成熟期需大量磷素。缺磷的临界期一般在苗期。生长前期一旦缺磷，对整个生育期都有影响，后期再补充也难以矫正。

3. 钾（K）

钾是植物多种酶的活化剂。钾能增强植物的光合作用和促进碳水化合物的代谢和合成。钾对氮素的代谢、蛋白质合成有很大的促进作用。钾能显著增强植物的抗逆性，主要以可溶性的无机盐存在于分生组织和新陈代谢较活跃的芽、幼叶及根尖部分，与细胞分化、透性和原生质的作用密切相关，果树生长或形成器官时，都需要钾的存在。钾离子可以调节细胞膨压，增强植株的抗寒性。充足的钾素供应可增加植物对氮的吸收，有利于光合作用，增强作物抗倒伏、抗旱、抗病虫害的能力，钾常被称为"品质元素"。

钾在树体内比较容易转运，可以被重复利用。作物缺钾的最重要特征是叶缘出现灼烧状，叶片小，枝梢细长，叶渐变为黄绿色，后期脉间失绿，并在失绿区出现斑驳，直至叶片坏死。缺钾对花芽形成影响较大，即使轻度缺钾，也会造成减产。作物缺钾一般在生长中后期出现症状，并从老叶向上发展，若新叶也出现症状，说明缺钾相当严重。

4. 钙（Ca）

钙在果树体内以果胶酸钙的形态存在，是组成细胞壁胞间层的重要元素，是植物生长必需元素之一。钙能中和代谢过程中产生的有机酸，使草酸转为草酸钙而解毒，促进根系生长，提高植物的抗病性，延迟衰老。钙还能与钾、钠、镁、铁离子产生拮抗作用，以降低或消除这些过多离子的毒害作用，有调节树体内 pH 的功效。钙能中和土壤的酸度，对于硝化细菌、固氮菌及其他土壤微生物有很好的影响。钙是某些酶促作用的辅助因素，可增强与碳水化合物代谢有关酶的活性，有利于植物的正常代谢。

缺钙会影响细胞壁的形成和分裂，细胞分裂不完全。缺钙时番茄果实出现"脐腐病"，苹果出现"苦痘病"。果实缺钙时不耐贮藏。缺钙症状为幼叶叶缘失绿、叶片卷曲、生长点死亡，但老叶仍保持绿色。

5. 镁（Mg）

镁是叶绿素的重要组成成分，也存在于植素和果胶物质中，还是多种酶的成分和活化剂，它能加速酶促反应，促进糖类的转化及其代谢过程，对植物呼吸有重要作用。镁促进脂肪和蛋白质的合成，促进磷的吸收和运输，可以消除钙过剩的毒害，使磷酸转移酶活化，还能促进维生素 A 和维生素 C 的形成，提高果品品质。镁在维持核糖、核蛋白的结构和决定原生质的物理化学性状方面，都是不可缺少的。

镁在树体内可以迅速流入新生器官，幼叶比老叶含镁量更高，果实成熟时，镁流入种子。缺镁首先表现为叶片失绿，叶片脉间及小的侧脉失绿。禾本科植物呈条状失绿，阔叶植物呈网状黄化，有些形成密集的黄色斑点。一般从老叶开始，向脉间发展，严重时老叶枯萎，全株呈黄色。

6. 硫（S）

硫是构成蛋白质和酶不可缺少的成分，参与植物内的氧化还原反应过程，是多种酶和辅酶及许多生理活性物质的重要成分。硫影响呼吸作用、脂肪代谢、氮代谢、光合作用以及淀粉的合成，维生素 B_1 分子中的硫对促进根系的生长有良好的作用。植物缺硫时幼叶失绿，植株矮小，结实率低。

7. 铁（Fe）

铁主要集中于叶绿体中，直接或间接参与叶绿体蛋白质的形成，是叶绿素形成和光合作用不可缺少的元素，植物体内有氧呼吸不可缺少的细胞色素氧化酶、过氧化氢酶、过氧化物酶等都是含铁酶。铁能促进呼吸，加速生理氧化。

铁在植物体内含量很少，多以高分子化合物存在，它在植物体内不易转移。植物缺铁的典型症状是植株上部叶片变黄，但叶脉失绿轻，生长受阻。

8. 锌（Zn）

锌是植物体内碳酸酐酶的成分，能促进碳酸分解过程，与植物的光合作用、呼吸作用以及碳水化合物合成、转运等过程有关，在植物体内物质水解、氧化还原过程和蛋白质合成中起作用，对植物体内某些酶具有一定的活化作用，参与叶绿素的形成，也参与生长素（吲哚乙酸）的合成。

植物缺锌时光合作用受阻，芽和茎中的生长素含量减少，表现为植株矮小，节间缩短，叶色褪绿。果树缺锌时出现"小叶病"，玉米缺锌时出现"白苗病"，水稻缺锌时出现"僵苗病"，不分蘖。

9. 铜（Cu）

铜是植物体内氧化酶的组成成分，在催化氧化还原反应方面起着重要作用，影响呼吸作用。铜与蛋白质合成有关，铜对叶绿素有稳定作用，并可以防止叶绿素破坏；含铜黄素蛋白在脂肪代谢中起催化作用，还能提高对真菌性病害的抵抗力，对防治病害有一定作用。缺铜时果树枝条枯萎，叶片出现黄斑。蔬菜缺铜时叶片颜色发生变化，失去韧性而发脆、发白。

10. 锰（Mn）

锰是许多酶的活化剂，影响呼吸过程，对植物体内的氧化还原有重要作用。适当浓度的锰能促进种子萌发和幼苗生长。锰也是吲哚乙酸氧化酶的辅基成分，大多数与酶结合的锰和镁有同样作用。锰能促进淀粉酶的活性、淀粉水解和糖类转移。锰直接参与光合作用，是叶绿素的组成物质，在叶绿素合成中起催化作用。锰促进氮素代谢，促进植物生长发育，提高抗病性。锰可降低铁的活性，因此植株内锰、铁的比例要适宜。植物缺锰也往往是以失绿开始的，严重时叶脉间出现坏死，并扩大为斑块。

11. 硼（B）

硼不是植物体内含物的结构成分，但硼对植物的某些生理过程有作用，如在糖的合成和运输中起重要作用，还可提高植物的抗逆性。硼影响细胞壁果胶物质的形成，加速植物体内碳水化合物的运输，促进分生组织细胞的分化，促进蛋白质和脂肪的合成，增强光合作用，改善植物体内有机物的供应和分配，提高植物抗寒、抗旱、抗病能力，防止发生生理病害。

硼素在树体组织中不能贮存，也不能由老组织转入新生组织中去。植物缺硼时，会影响授粉受精过程，出现"花而不实"现象。缺硼同样会出现生长点坏死，使植株矮小，根系不发达。十字花科植物对硼敏感。

12. 钼（Mo）

钼对植物体内氮素代谢有着重要的作用，它是固氮酶、硝酸还原酶的组成成分，参与硝态氮的还原过程。钼还有增加作物体内无机磷转变为有机磷的能力。钼还能减少土壤中锰、铜、锌、镍、钴过多所引起的缺绿症。作物缺钼时植株矮小，叶片边缘坏死、叶卷曲等。缺钼时，植物体内硝酸盐积累，阻碍氨基酸的合成，使农产品品质降低。豆科植物需钼较多。

13. 氯（Cl）

氯与植物体内淀粉、纤维素、木质素的合成有密切关系。氯也可能参与渗透调节和离子平衡调节。缺氯时叶片枯萎和失绿。但田间极少观察到缺氯症状。

第二节　植物吸收养分的过程

一、土壤中养分的形态与转化

(一) 氮在土壤中的形态和转化

农业生产中，氮肥是施用最普遍的肥料，了解氮在土壤中的行为特征对正确施用氮肥非常重要。氮在土壤中和植物体内都非常活跃，从一种形态转化为另一种形态。土壤中的氮素有两种形态，即有机态氮和无机态氮。有机态氮占土壤全氮量的99%，存在于土壤腐殖质中，其大部分是不能直接吸收的，因此称为迟效态氮。腐殖质经过矿化作用释放出无机养分，供植物利用。无机态氮仅占土壤全氮量的1%左右，易溶于水，可被作物直接吸收。无机态氮在土壤中主要有铵态氮和硝态氮，因易于吸收又被称为速效氮。氮在土壤中的转化主要有下面几个过程。

一是矿化作用。在土壤微生物的作用下，存在于蛋白质、氨基酸中的有机氮被微生物分解，释放出铵离子。

二是硝化作用。硝化作用是铵态氮转化为硝态氮的过程。第一步是在亚硝化细菌的作用下，将铵态氮氧化为亚硝态氮。第二步是在硝化细菌的作用下，将亚硝酸根继续氧化为硝酸根离子。

三是反硝化作用。在厌氧条件下，铵态氮或硝态氮转化为气体氮（主要是氮气和一氧化二氮气体）挥发到空气中而损失。

四是挥发作用。铵态氮在碱性介质中（如碱性土壤）形成氨气而挥发到大气中。

五是生物吸收。指矿质态氮（铵态氮或硝态氮）被植物或微生物吸收而合成氨基酸和蛋白质的过程。

六是生物固氮。根瘤中固氮菌将大气中氮气固定而成为有机氮，最终被作物吸收利用。有机残体进入土壤经过矿化作用，转化为无机氮。生物固氮主要发生在豆科植物上（如大豆、花生、豆科牧草、豆科绿肥等）。

对土壤来讲，生物固氮、硝化作用和矿化作用可以增加土壤氮素，而反硝化作用和挥发作用则使土壤损失氮素。铵根离子带正电荷，可以被土壤胶体吸附，因此很少产生铵的淋溶损失。吸附在土壤胶体表面的铵离子可以被其他阳离子置换（如钙、镁、钾、氢离子)。被置换的铵离子进入土壤溶液而被根系吸收。很多肥料为铵态氮肥。当肥料施入后，会在土壤中造成较高的铵离子浓度。微灌系统中常用的铵态氮肥有硝酸铵、硫酸铵、磷酸一铵、磷酸二铵、氨水等。尿素虽然是有机氮肥，但施入土壤后在脲酶的作用下转化为碳酸铵。

硝酸根离子带负电荷，不被土壤胶体吸附。因此极易通过水分流动。当过量灌溉后，硝酸根会随水淋溶到底层土壤，最后进入地下水。硝态氮肥有硝酸钾、硝酸铵、硝酸钙等。合理灌溉是减少硝酸根淋失的有效措施。

在灌溉施肥中大量施用的尿素是酰胺态氮肥，含氮高，溶解性好。由于不带电荷，也不被土壤胶体吸附，但施用过量且水分过多时同样会存在淋溶损失。施入土壤的尿素在微生物产生的脲酶的作用下进行水解，最后形成碳酸铵。碳酸铵分解为铵离子和碳酸根离子。在大部分土壤条件下，尿素的水解反应可以在几个小时内完成。

(二) 磷在土壤中的形态和转化

土壤中的磷素分为有机态磷和无机态磷，其中有机态磷可占到土壤全磷的10%～20%，作物不能直接吸收。无机态磷占到土壤全磷的80%～90%，它以磷酸盐的形式存在。土壤中的磷酸盐根据其溶解特点又分为水溶性磷酸盐、枸溶性磷酸盐和难溶性磷酸盐，后两种不溶于水。枸溶性磷酸盐多分布在中性土壤中，可被作物根部分泌物溶解，转化为作物可吸收的水溶性磷酸盐。难溶性磷酸盐是无机磷的主要部分，作物很难吸收。作物能利用的速效磷，一般少于土壤全磷的1%。磷在土壤中的化学行为非常复杂，可以与各种离子反应而形成复杂的化合物。在微酸性环境下，磷酸根离子与铁 (Fe^{3+})、铝 (Al^{3+})、锰 (Mn^{2+}) 形成磷酸盐而使磷失效。在 pH 值>6.5 时，磷酸根与钙镁离子形成沉淀。理想的土壤 pH 值范围在 6.5 左右。土壤中磷的强烈固定作用与磷肥的形态、施用浓度和土壤性质有关，一般在几小时至几天完成。由于固定作用，磷在土壤中的移动性很小，通常在 6～10 厘米。移动的具体距离与土壤质地关系很大。砂壤土移动距离远大于壤土和黏土。由于土壤中磷的移动距离短，大部分情况下磷肥作基肥施用，后期作物追肥时通过滴灌或微喷系统使用。但对于砂壤土或轻壤土，仍用微灌施用磷肥。国外广泛施用的聚磷酸铵液体肥料，溶解性好。根据其聚合度不同 ($n=3～20$)，螯合金属离子的能力不同。微灌施用聚磷酸铵肥料，可以提供磷源，同时增加磷的移动性。

(三) 钾在土壤中的形态和转化

土壤中钾素有 4 种形态：矿物态钾、缓效性钾、水溶性钾和可交换态钾。后两者可快速提供给植株吸收利用，故合称速效钾，占全钾的 1%～2%。前两种占土壤全钾的97%左右。缓效性钾是矿物态钾风化的产物或呈零散状分布在矿物层状结构中，是速效钾的来源。矿物态钾不能被作物所直接利用，土壤风化后钾释放出来，成为有效态。速效性钾是以水溶的状态或吸附于土壤胶体上，是作物可直接吸收的形态。

不同形态的钾素可以相互转化。缓效性钾在适宜的条件下可以逐渐风化、分解和释放，成为有效钾。某些条件下钾又可被固定成为缓效钾。

虽然钾可以被土壤胶体吸附，当吸附量达饱和时，钾在土壤中的移动性相当好。有研究表明，利用 190 毫克/千克的钾溶液滴灌土壤，钾横向移动达 90 厘米，纵向移动达 60 厘米。在应用滴灌的条件下，钾的施用深度不是问题。但对微喷或喷灌系统，钾的移动距离要短得多，纵向移动 5～15 厘米。

（四）其他营养元素在土壤中的形态和转化

中量元素（钙、镁、硫）和微量元素（铁、锰、锌、铜、硼、钼）的有效性与土壤 pH 值有密切关系。土壤高 pH 值（往碱性方向）时，金属微量元素的溶解性大幅度下降，对植物的有效性显著降低。相反，硼、钼、钙、镁在 pH 值略高时（中性至微碱性）有效性增加。土壤通常很少有缺钙问题（有些砂质土壤例外），植株缺钙主要是体内的转运问题。但钙、镁、钾和铵离子会竞争吸附位，影响其他离子的吸收。钙在土壤中的良好移动性和溶解性足以提供作物充足的有效钙。镁的性质与钙类似。但缺镁通常是土壤绝对量的不足。由于长期忽视对镁的补充，缺镁现象在南方酸性土壤上越来越普遍。镁过多影响钾和铵离子吸收，现实的情况是土壤施用钾肥越来越多而影响了镁的吸收。硫在土壤中以硫酸根形式存在。作为阴离子不被土壤胶体吸附。由于硫通常以伴随离子带入土壤（如过磷酸钙、硫酸盐等），缺硫的情况比较少见。

南方酸性土壤存在缺锌问题，但缺铁、缺锰少见。相反，由于土壤中较多的铁锰离子，铁和锰的毒害时常有报道。硼在土壤中容易被淋失，特别是南方淋溶强烈的地方，缺硼非常普遍。施用硼肥时要严格掌握用量，因为缺硼和硼过量之间的范围很小。但不同植物对硼的敏感性存在很大差别。一种作物的缺硼临界值可能是另一种作物的毒害值。因此施硼肥要格外小心。因植物对钼的需要非常微量，测定钼含量又很复杂，对土壤中钼的了解相对其他微量元素要少。一般酸性土壤容易出现缺钼，但通过施用石灰可提高钼的有效性。碱性土壤一般可以不考虑钼的补充。因钼是固氮酶的成分，对豆科植物喷施钼可以提高产量。

二、植物养分到达根表的途径

作物主要通过根系来吸收土壤中的养分。根系有直根系和须根系之分。根系吸收养分的效率与根系的形态特征有密切的关系。其形态特征包括根长、根表面积、根毛密度等。显然根系越长，表面积越大、根毛越多，吸收养分的效率越高。通过根系吸收的养分形态有离子态、分子态和气态 3 种，以离子态为主。大部分化肥属无机盐类，溶解于土壤水后形成阴、阳离子，阳离子被土壤胶体吸附，而阴离子会随水向深层土壤渗漏。

养分离子通常通过 3 种途径到达根系表面。一是截获：根系与土壤微粒表面或溶液中的离子直接接触而产生交换吸收。根系靠接触交换吸收离子态养分是微不足道的。二是扩散：根系吸收养分离子的速率大于离子通过集流迁移到根表面的速率，这时根表离子浓度低，根表附近土壤溶液离子浓度高，从而产生根表与附近土体的浓度梯度。离子从浓度高的土壤溶液向根区低浓度处扩散。通常氯离子、硝酸根离子、钾离子在水中扩散系数大，而磷酸根较小。三是质流：在有光照及气温高时，植物蒸腾作用强烈，根际周围产生水分亏缺，水分不断流向根表，土壤中离子态养分随水流到达根表。这 3 种养分迁移过程通常在土壤中是同时存在的。截获取决于根表与土壤黏粒接触面积的大小，质流取决于根表与其周围水势差的大小，扩散取决于根表与其周围养分浓度梯度的高低。

离子态养分无论是通过什么途径到达根表，都可进入植物细胞内。凡是养分进入根细胞要消耗能量的，称为主动吸收，如逆浓度吸收。反之，称为被动吸收，如道南平衡。作物主动吸收的养分是按自身生长过程中的需要有选择地吸收的，因而可以进入细胞内。而被动吸收的养分则是在势差的作用下由高浓度区扩散进入作物体内的，养分只在细胞间进出。

作物在生长发育的某一时期，对养分需求数量不大，但很迫切，如这时缺乏所必需的元素，就会明显抑制作物的正常生长，造成的损失日后很难弥补，这就是作物营养临界期。作物生长到一定阶段后生长速率加快，随后达到最大，此时养分的吸收速率最大，需要量最多，此时称为养分的最大效率期。

三、影响植物吸收营养元素的主要因素

根系是吸收养分的主要器官，根的活力和根系参数会影响养分的利用效率。土壤是养分吸收的场所，养分在土壤中的移动和运输决定了养分的吸收效率。因此影响根系生长和养分向根表移动的因素均会影响根系对养分的吸收。

（一）土壤水分

水分是养分到达根表的移动介质，其对扩散、质流的重要影响不言而喻。施用的肥料只有溶解于水后成为离子才能被根系吸收。当土壤处于田间持水量时，质流不受限制。随土壤变干，质流逐渐减弱。因此合理的灌溉和保持土壤一定的湿度对养分吸收具有重要意义。土壤过湿时，会将土壤孔隙中的空气赶出，使根系处于缺氧状态。土壤水分过少时，土壤溶液浓度偏高，导致渗透作用增强，同样不利于作物生长。

在生产实践中调节水肥的平衡非常重要。结合土壤墒情施肥，或施肥后马上浇水，目的是给化肥提供最佳的溶解和运载条件，使养分尽快吸收，发挥施肥效果。但灌水又不能过量，过量灌水会将许多已溶解的矿物质和不易被黏粒吸附的养分离子淋洗到深层土壤中，既浪费了肥料，又对地下水形成了污染。

通过微灌系统施肥，就是一种能够将灌溉水与施肥结合起来且使它们之间比例控制在最佳范围的技术。在应用微灌技术特别是滴灌技术时，由于湿润土壤的体积大大缩小了，根系周边土壤的颗粒结构变得更加粗糙，作物的生长也更为敏感，灌溉与施肥的良好协调更为重要。微灌施肥是实现水肥协调的最佳方式，已成为微灌系统的一项非常重要的功能。如果微灌系统只是单单用来灌溉，等于只发挥了功能的一半，因为微灌的另一功能就是施肥。

（二）介质中的养分浓度

植物对介质中某种离子的吸收速率，决定于该离子在营养介质中的浓度。在低浓度范围内，随着介质中养分浓度的升高，养分吸收速率以一种渐进曲线的方式上升。在高浓度范围内，离子吸收的选择性降低，对代谢抑制剂不很敏感，而伴随离子及蒸腾速率对离子的吸收速率则影响较大。

为保证植物整个生育时期的养分供应，土壤溶液中的养分浓度必须维持在一个适宜于植物生长的水平。因此，养分的有效性仅与某一时刻土壤溶液中的养分浓度有关，而且与土壤维持这一适宜浓度的能力有关。在水肥一体化条件下，通过合理灌溉和施肥，可以最大限度地将介质溶液中的养分浓度维持在某一适宜浓度范围内，保证作物正常的生长发育。

（三）根系

旺盛的地上部生长必然伴随着旺盛的根系生长，发达的根系才有高的养分吸收效率。当根表面积大，根毛数量多时，吸收养分快，造成根表养分亏缺，形成更高的根表与根临近区域的浓度梯度，对主要靠扩散抵达根表的那些养分有效性具有决定性作用，如磷、钾等。根系是植物吸收水分和养分的重要器官。培养健壮的根系是高产的基础。除合理的养分和水分供应外，根系的生长还受到其他因素的影响，如适宜的土壤温度、土壤的疏松透气、土壤微生物的数量和种类、土壤有机质含量及合适的酸度及盐分含量等。只有当这些因素都处于最佳状态，根系生长才能发挥最大潜力。培养发达的根系是提高养分利用效率的重要措施，也是高产优质高效的必要条件。当地上部生长不良时，通常要挖开土壤察看根系生长情况。很多地上部表现的缺素症都是由于根系受损伤或胁迫造成的。

第三节　作物施肥及影响因素

一、根部对养分的吸收与土壤施肥

植物生长发育所必需养分的来源主要是空气、水和土壤，而土壤则是作物必需养分的最大库源，但土壤所固有的养分远远不足作物生长和生产所需，因此，还需要外源补充，即人为施肥。施肥是为了最大限度地满足作物对养分的需求。作物所需各种养分主要是通过地下部根系从土壤溶液中吸收的。

根系是作物吸收养分的主要器官。根系吸收的养分主要是土壤溶液中各种离子态养分，如 NH_4^+、$H_2PO_4^-$、K^+、Ca^{2+}、Mg^{2+}、Mn^{2+}、Cu^{2+}、Zn^{2+}、HBO_4^-、Cl^- 等。除此之外，根系也能少量吸收小分子的分子态有机养分，如尿素、氨基酸、糖类、磷酸酯类、植物碱、生长素和抗生素等。这些物质在土壤、厩肥和堆肥等有机肥中都有存在。尽管如此，土壤和肥料中能被根系吸收的有机小分子种类并不多，加之有机分子也不如离子态养分易被根系吸收，因此矿质养分是作物根系吸收的主要养分种类。如果土壤中的养分不能满足作物生长的需要，就需要通过施肥来补充。

在土壤中养分充足的前提下，作物能否从土壤中获得足够的养分主要与其根系大小、根系吸收养分的能力有关。同一类作物甚至不同品种之间，根系的大小和养分吸收能力差别很大，所以对土壤中营养元素的吸收量也不同。一般而言，凡根系深而广、分支多、根毛发达的作物，根与土壤接触面大，能吸收较多的营养元素；根系浅而分布范围小的作物对营养元素的吸收量就少。因此，为了提高作物对施入土壤中肥料养分的吸收利用，施肥时应尽可能将肥料施在作物生长期间根系分布较密集的土层中。

由于作物一生中根系生长和分布特点是不同的，所以施肥要根据作物不同生育时期根系的生长特点来确定适宜的肥料施用方法，如在作物生长初期，根系小而入土较浅，且吸收能力也较弱，故应在土壤表层施用少量易被吸收的速效性肥料，以供应苗期营养；在作物生长中后期，作物根系都处于较深土层中，所以追肥应深施。作物早期根系特点对施肥部位也有较大影响，作物早期若直根发达，肥料最好施在下面，若侧根发达则应将肥料施在种子周围。作物从幼苗开始，根系就具有吸收水分和养分的能力，所以，要想使作物多吸收养分，就应及早促使根系生长。

二、合理施肥的几个重要原则

（一）最小养分律

最小养分律是由德国农业化学家李比希在100多年前提出。如果土壤中某一必需养分不足，即使其他养分充足，作物产量也难以提高。只有补充了这个不足的养分，产量才会提高。此时制约产量的是这个不足的养分，称之为最小养分（图4-1）。最小养分并非绝对养分最少，而是一个相对概念。了解了这一规律，在实践中就要根据作物生长的需要及时满足各种养分的供应，特别应注意对最缺乏养分的补充。否则，补充其他养分再多，也不能提高作物产量。

最小养分是个变化的因素，在植物生长的不同阶段，其对于不同养分需要的数量是不同的，有时甚至同时缺乏数种养分。因此，结合土壤养分状况，采取土壤诊断等措施，根据作物生长情况合理施肥、及时施肥，才能保证作物获得高产和优质。作物生长受诸多环境条件的影响，只有各种生长条件都处于最佳状态，作物才能发挥最大的生长潜力。此时限制作物生长的因子称为最小因子。在实践中，除了要注意养分的合理供应外，还应综合改善土壤的水、气、热等条件，使肥效得到最佳发挥。

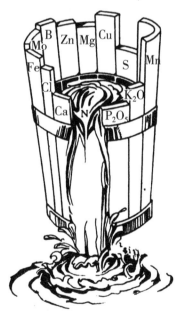

图4-1　最小养分律

（二）报酬递减律

报酬递减律是指在其他生产要素保持不变时，随着施肥量的增加，施用单位化肥所增加的产量呈下降趋势（图4-2）。这一规律反映了施用化肥的边际效益。在超过某一产量之后，单位产量增加所要求的化肥量，可能造成产品增值小于成本的增支。另一方面，这一规律反映了作物生长的客观情况，作物产量与施肥并非呈线性关系，因此施肥时应讲究经济效益，追求最佳的施肥效果。当肥料不充足时，此时不要追求部分面积的最高产量，而应将肥料分配到更广泛的面积上，追求最大报酬。

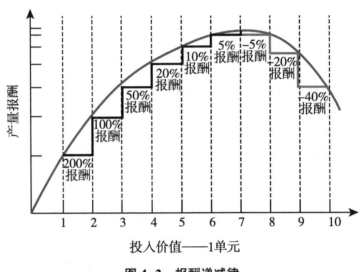

图4-2 报酬递减律

（三）养分归还学说

养分归还学说由德国农业化学家李比希提出。在生产中，随着作物的不断种植与收获，必然要从土壤中带走大量的养分，使土壤养分逐渐减少，连续种植会使土壤贫瘠。为了保持土壤肥力，就必须将植物带走的养分归还土壤，以恢复和维持土壤肥力。而最直接的归还方式就是施肥，在现代农业生产中，通过灌溉系统施肥则是最重要的归还方式之一。

（四）作物营养临界期

作物的生育期长短不一，所需营养元素的种类、数量和比例在不同的生育时期也不尽相同。因此，在作物不同的生育时期施用肥料，其效果也就不同。

在作物的生长发育周期内，根据作物的生理及其对养分需求特点的变化，可划分为若干具有不同特征的生育时期。在这些时期中，一般除萌芽期（种子供应营养）和成熟期（根部停止吸收营养）外，在其他各个时期作物都要通过根系从土壤中吸收养分。作物吸收养分的整个生长历程称为作物的营养期。

在作物营养期中又有不同的营养阶段，在各个营养阶段中作物吸收养分的特点不一样。一般情况下，作物生长初期主要是利用萌芽种子或块茎、块根中储藏的养分，木本植物或多年生牧草在初春时利用第一年积累在储藏器官中的养分，从外界吸收的养分极少。随着植株体的逐渐长大，根系吸收能力渐增，直到开花结实期，吸收养分的数量及吸收强度达最大值；到了生长后期，作物生长量减小，养分需求量也明显下降，到成熟期根系即停止吸收养分，主要是靠之前所积累的营养物质。虽然不同作物吸收养分的具体数量和比例不同，但通常各种作物在不同生育期的养分吸收状况与其生长速度及干物质积累的趋势是一致的。此外，作物在不同营养阶段中需要养分的种类也不同。

在作物生长发育过程中，某种营养元素过多、过少或营养元素之间比例不平衡，对作物生长发育起着显著影响的时期称为营养临界期。此时期作物对某种养分需求的绝对值虽然不高，但要求迫切，如果该养分缺乏、过多或比例失调时，都会明显影响作物的正常生长发育而造成损失，即使以后再补充供给这种养分或采取其他补救措施，也难以纠正或弥补损失。在营养诊断上，一般是当植株体内某种养分低于某一浓度时，作物的生长量或产量就显著下降，并表现出养分缺乏症状，此养分浓度称为"营养临界值"。

通常多数作物的营养临界期大都出现在生长发育的转折时期。作物生长初期，对外界环境条件比较敏感，种子萌发出苗初期主要依靠种子胚乳中储存的营养，当这部分养分消耗殆尽、开始依靠根系吸收养分时，必须及时供给充足的养分才能维持幼苗的正常生长发育，这个由靠种子供应营养向依靠根系吸收营养转变的时期，就是作物的一个营养临界期。所以，苗期是施用速效化肥的重要时期。实践和研究证明，不同作物不同养分种类的营养临界期出现的时期也不同。

一般认为，作物磷素营养临界期多在生长初期——幼苗期，例如，棉花在二、三叶期，玉米在三叶期，冬小麦和水稻在分蘖初期，此时大部分幼根在土壤表层，尚未伸展，吸收养分能力差，而土壤溶液中磷的浓度很低，移动性也小，所以幼苗期容易发生缺磷，表现为根系细弱，分蘖延迟或不分蘖，形成"小老苗"现象。因此，若作物苗期缺磷，生长发育会受到抑制而导致减产。所以在生产中通常将磷肥用作基肥或种肥以保证作物生长初期获得足够的磷素营养。在部分地区，由于低温、盐碱等不良外界因素的影响，加之幼苗根系吸收能力弱，此时若通过叶面施肥补充部分磷素营养，往往具有显著的施肥效果。

作物氮营养临界期一般比磷营养临界期稍微晚一些，往往是在营养生长开始转向生殖生长的时候，如水稻在三叶期和幼穗分化期，小麦在分蘖和幼穗分化期，此时若缺氮，则表现为分蘖少、花数少、穗粒数少，以致产量低，即使以后多施氮肥，也只能增加茎叶产量和提高千粒重，而不能增加穗粒数；而此期若能适量供给氮素，就能增加分蘖数，为形成大穗打下基础。如果在氮营养临界期后再过多追施氮肥，则造成无效分蘖增加，使群体郁闭，小穗数减少甚至倒伏而减产。

由于钾在作物体内呈离子态存在，移动性强，有被高度再利用的能力，因此不易判断钾的营养临界期。一般认为水稻钾的营养临界期在分蘖初期和幼穗形成期，据实践经验，当分蘖期茎秆中钾含量在1%以下时，则分蘖停止，幼穗形成期如钾含量在1%以下，则穗粒数显著减少。

(五) 作物营养最大效率期

在作物的生长发育周期内，植株体对养分的需要量和吸收量最大，且养分的增产效能（即单位养分获得的经济产量）也最大的时期，称为作物营养最大效率期。一般出现在作物生长发育的旺盛时期，植株生长迅速，根系吸收养分能力最强，需肥量最多，若能及时供应足够的养分，增产效果非常显著，作物往往可获得高产。因而，这个时期是施肥的关键时期，适量的施肥可获得最大效应。各种作物不同养分的营养最大效率期的出现时期也不一致。例如甘薯生长初期是氮素营养最大效率期，而块根膨大期则是磷、钾营养最大效率期；棉花氮、磷营养最大效率期均在花铃期。

总之，营养临界期和最大效率期均是作物营养的关键时期，也是施肥的关键时期，保证这两个时期有足够的养分供应，对提高作物产量和质量具有重大意义。

虽然作物对养分的需要有阶段性和关键性时期，但作物前一阶段的营养特性必然影响到后一阶段的营养特性，此为作物吸收养分的连续性。任何一种作物，除了在吸收养分的关键时期应充分满足各种所需养分外，在各个生育阶段中也必须适当供给作物正常生长所需的各种养分。否则，关键时期所施的肥料也不能充分发挥肥效，作物的生长和产量也会受影响。因此，在施肥实践中，应施足基肥、重视种肥和适时追肥，发挥各种肥料的相联效应，才能为作物丰产创造良好的营养条件，这是获得增产的重要施肥措施。

三、作物安全施肥量

作物栽培是一个庞大的生态体系，确定作物的安全施肥量是一个较复杂的技术问题。由于影响施肥量的因素是多方面的，使得施肥量有较大的变化幅度和明显的地域差异。鉴于我国目前的农业生产实际情况，并考虑到方法的可操作性，本书只介绍养分平衡法来确定作物的安全施肥量。

养分平衡法是国内外施肥中最基本、最重要的方法，是根据作物需肥量与土壤供肥量之差来计算达到目标产量（也称计划产量）的施肥量，其计算公式为：

某养分元素肥料的合理用量（千克/公顷）

$$=\frac{作物养分吸收量（千克/公顷）-土壤养分供应量（千克/公顷）}{肥料中的该养分含量（\%）×肥料当季利用率（\%）}$$

（一）作物的养分吸收量

作物的养分吸收量的计算公式为：

作物的养分吸收量（千克/公顷）

= 农产品单位产量的养分吸收（千克/公顷）×目标产量（千克/公顷）

农产品单位产量的养分吸收量，就是每生产 1 千克农产品需要吸收某营养元素的量。该值可通过田间试验取得，一般做法是：把一定区域内作物一个生产周期生长的地上部分收获起来，对枝、叶、果等分别称重，并测定它们的养分含量，求出某养分吸收总量，再除以该区域内一个周期的农产品产量，所得的商就是单位产量对某养分的吸收量。在实际生产中，可查阅相关资料，参考前人对该项参数的研究结果。

目标产量也称为计划产量。确定该项指标是养分平衡法计算施肥量的关键。目标产量决不能凭主观意志决定，必须从客观实际出发，统筹考虑作物的产量构成因素和生产条件（如地力基础、水浇条件、气候因素），若目标产量定得太低，难以发挥作物的生产潜力；若定得太高，施肥量必然较大，如果实际产量达不到目标值，就会供肥过量，造成浪费，甚至污染环境。从我国各地试验研究结果和生产实践得知，目标产量首先取决于作物群体结构，管理水平、地力基础、水源条件及气候因素等也是影响目标产量的重要条件。拟定和调整目标产量也应参考当地作物上季的实际产量和同类区域的产量情况。

（二）土壤养分供应量

土壤养分供应量的计算，是根据地力均匀的同一地块不施肥区的农产品产量，乘以农产品单位产量的养分吸收量。计算公式为：

土壤养分供应量（千克/公顷）= 农产品单位产量的养分吸收量（千克/千克）

×不施肥区农产品产量（千克/公顷）

式中，农产品单位产量的养分吸收量与前文中的取值相同。

（三）肥料中的养分含量

商品肥料（化肥、复混肥、精制有机肥、叶面肥等）都是按照国家规定或行业标准生产的，其所含有效养分的类别与含量都标明在肥料包装或容器标签上，一般可直接用其标定值。果农积造的各类有机肥（堆沤肥、秸秆肥、圈肥、饼肥等）的养分类别与含量，可采集肥料样品到农业测试部门化验取得，也可通过田间试验法测得。

（四）肥料的当季利用率

肥料的当季利用率是指当季作物从所施肥料中吸收的养分量占所施肥料养分总量的百分数。不是恒定值，在很大程度上取决于肥料用量、用法和施肥时期，且受土壤特性、作物生长状况、气候条件和农艺措施等因素的影响而变化。一般有机肥的当季利用率较低，速效化肥的当季利用率较高，有些迟效化肥（如磷矿粉）的当季利用率很低。

肥料利用率的高低直接关系到投肥量的大小和经济收入的多少，国内外都在积极探索提高肥料利用率的途径。

用田间差减法测定肥料利用率较为简便，其基本原理与养分平衡法测定土壤供肥量的原理相似，即利用施肥区作物吸收养分量减去不施肥区作物吸收的养分量，其差值视为肥料供应的养分量，再除以肥料养分总量，所得的商就是肥料利用率。计算公式为：

$$肥料利用率 = \frac{施肥区作物吸收量（千克/公顷）-不施肥区作物吸收量（千克/公顷）}{肥料施用量（千克/公顷）\times 肥料中的养分含量（\%）}$$

第五章

水肥一体化中肥料的选择

第一节 肥料的基本特征

一、肥料定义

凡是施入土壤或喷洒于作物叶片上，能直接或间接提供一种或一种以上植物必需的营养元素供给作物，而获得高产优质的农产品；或能改良土壤理化、生物性状，逐步提高土壤肥力，而不产生对环境有害的物质均称为肥料。肥料是农业生产的主要物质基础之一。中国早在西周时就已经知道田间杂草在腐烂以后，有促进黍稷生长的作用。《齐民要术》中详细介绍了种植绿肥的方法以及豆科作物同禾本科作物轮作的方法等；还提到了用作物茎秆与牛粪尿混合，经过踩踏和堆制而成肥料的方法。在施肥技术方面，《氾胜之书》中有详细叙述，强调施足基肥和补施追肥对作物生长的重要性。唐、宋以后随着水稻在长江流域的推广，施肥经验日益积累，从而总结出"时宜、土宜和物宜"的施肥原则，即施肥应随气候、土壤、作物因素的变化而定。随着近代化学工业的兴起和发展，各种化学肥料相继问世。18世纪中叶，磷肥首先在英国出现；1870年德国生产出钾肥；20世纪初合成氨研制成功。随后，复合肥料、微量元素肥料和长效肥也先后面世。由于化肥数量和品种的增多及质量的提高，农业生产中的肥料总投入量日益增大，作物产量也相应提高。

二、肥料分类

肥料品种繁多，根据肥料提供植物养分的特性和营养成分，肥料可分为无机肥料、有机肥料、生物肥料和新型肥料四大类。

无机肥料分为大量元素肥料（N、P、K）、中量元素肥料（Ca、Mg、S）、微量元素肥料（Fe、Mn、Zn、Cu、Mo、B、Cl）和有益元素（Si、Na、Co、Se、Al）。大量元素肥料又按其养分元素的多寡，分为单元肥料（仅含一种养分元素）和复合肥料（含两种或两种以上养分元素），前者如氮肥、磷肥和钾肥；后者如氮磷、氮钾和磷钾的二元复合肥以及氮磷钾三元复合肥。有机肥料包括有机氮肥、合成有机氮肥等。中国习惯使用的有人畜禽粪尿、绿肥、厩肥、堆肥、沤肥和沼气肥等。生物肥料是一类以微生物生命活动及其产物导致农作物得到特定肥料效应的微生物活体制品，具有生产成本低、效果好、不危害环境，施后不仅增产，而且能提高农产品品质和减少化肥用量。随着农业科学的发展与分析化学技术的进步，在16种必需的营养元素之外，还有一些营养元素，它们对某些植物的生长发育具有良好的刺激作用，在某些特定条件下所必需，但不是所有植物所必需，这些元素称之为"有益元素"。主要包括硅、钠、钴、硒、铝等。

三、肥料的地位和作用

（一）保障国家粮食安全的战略物资，实现农业可持续发展的物质基础

肥料投入占全部农业物资的一半。综观国内外研究结果，20 世纪粮食单产的 1/2、总产的 1/3 来自肥料的贡献。如果停止施用化肥，全球作物产量将减产 50%，肥料是保障粮食安全的战略物资。

化肥的出现，改变了自然界养分元素的物质循环过程，使大量营养元素输入到农田生态系统。但是，高度开放型的现代农田生态系统，施肥使作物增产的同时也使作物从农田带出更多的养分，如果不能对农田养分循环合理管理，土壤生产力可能会出现衰退。但这并不是化肥本身的问题，而是人为不合理使用化肥或农田养分管理不当造成的。没有化肥的投入，就不会有 20 世纪作物产量的成倍增长，农业可持续发展就没有可靠的物质基础。国内外的长期肥料试验证明，长期施用化肥可以保持地力和实现农业持续高产。

（二）增加作物产量

据联合国粮食及农业组织（FAO）统计，在 1950—1970 年的 20 年中，世界粮食总产增加近一倍，其中因谷物播种面积增加 10 600 万公顷，所增加产量占 22%；由于单位面积产量提高所增加的产量占 78%，而在各项增产因素中，西方及日本科学家一致认为，增施肥料起到 40%～65% 的作用。据全国化肥试验网 1981—1983 年在全国 29 个省（区、市）18 种作物上完成的 6 000 个田间试验结果，其中对粮食作物（水稻、玉米、小麦），每千克化肥养分平均可增产 9.4 千克（每千克 N、P_2O_5 和 K_2O 分别增产 10.8 千克、7.3 千克和 3.4 千克），各期投入量比例为 1：0.4：0.1（加权平均）。进入 20 世纪 90 年代后，由于化肥平均施用量的提高和肥效报酬递减等原因，氮、磷养分的增产作用有所降低，钾素养分的增产效果有所提高。按 1986—1995 年部分试验资料统计，平均肥效降低约 20%，即每千克化肥养分平均可增产粮食 7.5 千克。由于近半个世纪以来，在世界不同地区不同作物的肥效试验结果基本一致，故世界各国化肥增产作用的评价也基本相同，大致而言，化肥在粮食增产中的作用，包括当季肥效和后效，可占到 50% 左右。据统计，我国

1952—1995 年，粮食产量与化肥投入量同步增长密切相关。20 世纪末，我国生产粮食约为 5 亿吨，年投入化肥 4 200 万吨，占年粮食总产量的 47.3%。因此，在对化肥多方面积极作用的认识上，对其在粮食增产中作用的评价最为一致。

（三）提高作物品质

1. 提高小麦产量和品质

有机无机肥料合理配合施用，是现代施肥技术发展的方向，可以提高化肥利用率，改善土壤理化性状，提高作物产量、品质，具有较高的生态效益和经济效益。据调查，在土质、前茬、品种、播期、播量等因子基本相同时，连续 5 年以上施土粪 4～5 吨，化肥折纯氮 8.5 千克的小麦，亩产为 305.7 千克；而连续 5 年以上单施化肥折纯氮 8.5 千克的小麦单产为 180.9 千克，相差 124.8 千克。对麦田 0～20 厘米土层物理性状进行测定，有机无机肥料配合施用的麦田土壤结构好，水稳性团粒增加 3.4%，土壤容重降低 0.06 克/厘米^3，有机质增加 0.096%，全氮增加 0.005 8%，全磷增加 0.005 1%，每千克小麦成本也降低。施有机肥 5 吨，配合施无机纯氮肥和磷各 5 千克，小麦最高产 325 千克；比单施无机肥的增产 9.6%。施同等质量有机肥 2.5 吨，配合纯氮和磷各 10 千克，小麦产量 348 千克。两种处理的经济效益相当，因为它们含有全氮总量大致相同。试验表明：有机肥不能保证供应的情况下，短期内无机氮、磷配合施用，可以保持一定产量。施氮量与小麦籽粒的粗蛋白和赖氨酸含量呈正相关，同一品种亩施有机肥 2.5 吨和无机氮、磷各 5 千克，小麦籽粒粗蛋白和赖氨酸含量分别为 13.20% 和 0.34%；亩施有机肥 2.5 吨和无机氮、磷各 10 千克，小麦籽粒粗蛋白和赖氨酸含量分别为 14.60% 和 0.36%；亩施有机肥 5 吨和无机氮、磷各 5 千克，小麦籽粒粗蛋白和赖氨酸含量分别为 14.20% 和 0.39%；亩施有机肥 5 吨和无机氮、磷各 10 千克，小麦籽粒粗蛋白和赖氨酸含量分别为 15.20% 和 0.38%。而每亩单施无机氮、磷各 10 千克的小麦籽粒粗蛋白和赖氨酸含量分别为 14.50% 和 0.37%。

2. 提高蔬菜品质

（1）硝酸盐含量

不同种蔬菜硝酸盐含量有所不同，白菜、菠菜含量最高，甘蓝居中，番茄和花椰菜含量较少；施氮量相同情况下，施化肥较施厩肥的硝酸盐含量略高，但当氮用量加倍（300 千克/公顷）时，硝酸盐含量均增高；单独施用氮肥的处理，无论何种蔬菜，硝酸盐含量均偏高，但氮磷钾肥处理，硝酸盐含量基本上均降低。

（2）维生素 C 含量

从蔬菜维生素含量看，以花椰菜最为丰富，其次是甘蓝和番茄，含量最低者为白菜和生菜。无论哪种蔬菜，任何施肥处理均能提高维生素 C 含量，但仍以厩肥或厩肥与化肥配合为好。

（四）提高土壤肥力

国内外 10 年以上的长期肥效试验结果证明，连续系统地施用化肥都将对土壤肥力产生积极的影响。每年每季投入农田的肥料，一方面直接提高土壤的供肥水平，供应作物的养分；另一方面，在当季作物收获后，将有相当比例养分残留土壤（氮约 30%，磷约 70%，钾约 40%），尽管其残留部分（如氮）可能会经由不同途径继续损失，但其大部分仍留在土壤中，或被土壤吸持，或参与土壤有机质和微生物体的组成，进而均可被第二季、第二年以及往后种植的作物持续利用，这就是易被人们忽视的肥料后效作用。而且如果连续多年合理地施用化肥，其后效将叠加，土壤有效养分持续增加，作物单产不断提高，耕地的肥力不但能保持，而且将越种越肥。肥料连续后效使土壤生产力不断提高的一个重要证据是，对一个地区不同阶段的同一种作物，在当季不施肥的条件下，其单产能呈现不断增加的趋势。如水稻，单季不施肥的单产从 1950—1952 年的约 1.5 吨/公顷，到 20 世纪 60 年代低施肥量下的 2.25～3.0 吨/公顷，70 年代末的 4.5 吨/公顷，达到 20 世纪末连续高施肥量下的约 6 吨/公顷。根据 1995—1998 年的试验统计，小麦当季无肥区单产为 3.05 吨/公顷，单季晚稻为 5.85 吨/公顷。两季相加，不施肥下粮食产量可达 8.9 吨/公顷。当然与一季无肥种植不同，若耕地连续无肥种植，粮食作物单产将每季递减 285～390 千克/公顷，4～6 年后，无肥时稻麦的单产将恢复到 20 世纪 50 年代的 1.5 吨/公顷左右，积累的肥料后效将耗尽。因此，当季无肥区作物单产的不断增加，是土壤肥力（土壤生产力）持续提高的标志。可以认为，所谓培肥土壤或提高土壤肥力，说到底是提高土壤在无肥条件下的生产力，而连续和系统地施用化肥和有机肥，则是提高土壤肥力或生产力的最有效方式。应当看到，高产地区或田块之所以高产，是其长期高施肥量下培育的结果，并能在高施肥量下保持其高产水平，也是低产地区或田块不能期望一步跃上高产水平的原因所在。1995—2000 年我国农业生产连续全面丰收，除政策、气候等因素外，一个无可否认的重要事实是，我国在 1988 年后化肥施用量快速递增，10～15 年连年叠加的化肥后效发挥了重要作用。

(五) 发挥良种潜力，补偿耕地不足

1. 发挥良种潜力

现代作物育种的一个基本目标是培育能吸收和利用更多肥料养分的作物新品种，以增加产量、改善品质。因此，高产品种可以认为是对肥料具有高效益的品种。例如，德国和印度小麦良种与地方种相比，每 100 千克产量所吸收的养分基本相同，但良种的单位面积养分吸收是地方种的 2.0～2.8 倍，单产是地方种的 2.14～2.73 倍。因此，被誉为"绿色革命之父"的小麦育种专家 N. E. Borlaug 一再强调，肥料对于以品种改良为突破口的"绿色革命"具有决定性意义。

我国杂交水稻的推广也与肥料投入量密切相关。据湖南省农业科学院土壤肥料研究所报告 (1980 年)，常规种晚稻随施肥量增加，其单产增加不明显，而杂交晚稻 (威优 6 号) 则随施肥量增加而增产显著，单产提高约 1.5 吨/公顷，每公顷产量 (稻谷加稻草) 的养分吸收量：杂交晚稻较常晚稻多吸收氮 21～54 千克，磷 1.5～15 千克，钾 19～67.5 千克。因此，肥料投入水平称为良种良法栽培的一项核心措施。

"杂交水稻之父"袁隆平院士首次在世界上研究成功籼米型杂交水稻，对我国乃至全世界粮食产量的提高作出了重大贡献，使水稻亩产大面积达到 900 千克以上，他的成果于 1976 年开始在全国大面积推广以来，迄今累计种植面积 46 亿亩，共计增产粮食 4 000 多亿千克，解决了中国及世界人口吃饭难的问题。袁隆平院士在研究水稻良种的同时也十分重视国内外新型肥料的筛选和施用，曾先后引进撒可富、史丹利、汉枫缓释肥、小黑龙生态长效肥、腐植酸"黑肥"等进行试验、示范和大面积施用。目前已总结推广出一整套良种良法相结合的综合水稻高产新技术。

2. 补偿耕地不足

生产实践表明，增加施肥量，可以从较小面积耕地上收获更多农产品，如降低施肥量，则必须用较大面积耕地去收获相同数量的农产品。因此，对农业增施化肥与扩大耕地面积的效果相似。例如，按我国近几年化肥平均肥效，每吨养分增产粮食 7.5 吨计，则每增施化肥 1 吨，即相当于扩大耕地面积 1 公顷。因此，那些人多地少的国家，无一不是借助增加投肥量以谋求提高作物单产，弥补其耕地不足。人多地少的日本、荷兰，其施肥量是美国、苏联相加的施肥投入量，使其种植面积相对增加 60%～227%。显然，如能将这种认识变成全社会的强烈意识和国策，将对我国农业生产的稳定和发展产生重大影响。

（六）促进绿色有机产业发展

1. 增加有机肥量

化肥投入量的增加，与作物产量的提高和畜牧业的发展有关。统计表明，德国从 1850 年到 1965 年的 115 年间，化肥从无到有，直至平均施用量增至 300 千克/公顷，随着粮食增产和畜牧业发展，施用于农田的有机肥也从 1.8～2.0 吨/公顷，增加到 8～9 吨/公顷，增长 4.5 倍。我国从 1965 年到 1900 年，投入农田的化肥量增加 14.7 倍，有机肥实际投入量则增加 1 倍，而以秸秆和根茬等形式增加的有机质总量则更多。

由此可见，农牧产品中的生物循环必然将相当数量的化肥养分保存在有机肥中。有机肥成为化肥养分能不断再利用的载体。因此，充分利用有机肥源，不仅可以发挥有机肥的多种肥田作用，也是充分发挥化肥作用，使化肥养分能持续再利用的重要途径。

2. 发展绿色资源

化肥作为一种基本肥源，是发展经济作物、森林和草原等绿色资源的重要物质基础。据统计，我国在较充足地施用化肥，实现连年粮食丰收、人民温饱的条件下，经济作物也获得大幅度发展。1995 年前的 10 年中，糖料、油料、橡胶、茶叶等作物增产 50%～80%，瓜、菜增产 150%～170%；水果增产 250%。且随着农村种植业结构的调整，经济作物还在继续发展，极大地增强了我国城、乡市场和农产品的出口能力。粮食和多种农副产品的丰足，也有力地促进退耕还林、还草的大面积实施和城乡的大规模绿化，为在宏观上治理水土流失，保护和改善生态环境提供可靠的基础。

我国有 1.42 亿公顷森林（FAO，1990），长期在雨养的自然条件下生长。如能重点地施用肥料（尤其对那些次生林），即可加速成材和扩展覆盖率。我国有 3.18 亿公顷草原（FAO，1990），长期缺水少肥，载畜率极低。如能对有一定水源的草原适量施肥，可较快地提高生草量和载畜率。一些发达国家耕地平均施肥量之所以较高，因其有相当数量用于林业和草地，用于发展多种经济作物和实施城乡大规模绿化。使其农业劳动生产率得以提高，畜牧业发达，农牧产品丰富，而且因能充分开发和利用绿色资源而使其保持优美的生态环境。

化肥自身存在的某些缺陷以及不合理施用化肥，给环境带来不同程度的污染。世界和中国每年氮肥消费量分别约为 9 000 万吨和 2 000 万吨，通过气态、淋洗和径流等各种途径离开农田损失的数量分别达 3 500 万吨和 900 万吨。我国南方和北方调查结果表明，调查区域内有50%的地下水和饮用水硝酸盐超标。江河湖泊富营养化，温室气体的增加，农产品硝酸盐污染等，都与施用化肥不当有关。

第二节　水肥一体化中肥料的选择

从作物对养分的利用过程可知，适宜的土壤水分含量对施肥效果影响很大，只有保持水肥平衡，才能提高作物对养分的吸收利用率，充分发挥肥效，达到增产目的。将施肥与灌溉结合起来，可以在作物根区土壤空间内保持最佳的水、肥含量，保证作物在最有利的条件下吸收利用养分，从而使不同种类的作物在不同的土壤条件下都能获得高产并提高产品品质。选择合适的肥料是发挥肥效的关键措施。

一、水肥一体化技术对肥料的基本要求

在选择化肥之前，首先应对灌溉水中的化学成分和水的 pH 值有所了解。某些化肥可改变水的 pH 值，如硝酸铵、硫酸铵、磷酸一铵、磷酸二氢钾、磷酸、硝酸钙等将降低水的 pH 值；而磷酸氢二钾、磷酸二铵、氨水等则会使水的 pH 值增加。当水源中含有碳酸根、钙镁离子时，灌溉水 pH 值的增加可能引起碳酸钙、碳酸镁的沉淀，从而使滴头堵塞。

为了合理正确地运用灌溉施肥技术，必须了解化肥的化学物理性质。用于灌溉施肥特别是在滴灌系统中应用时，化肥应符合下列要求：高度可溶性；溶液的酸碱度为中性至微酸性；没有钙、镁、碳酸氢盐或其他可能形成不可溶盐的离子；金属微量元素应当是螯合物形式的，而不是离子形式的；含杂质少。

水不溶物含量是判断水溶肥料质量的重要指标。肥料中的水不溶物是导致滴灌系统中过滤器堵塞的主要原因。如水不溶物的含量过高将导致过滤器很快被堵塞，滴灌系统无法正常工作。在生产实践中，一般认为当滴灌系统过滤器两端的压力差达到3～5米水压差时就表明过滤器已经堵塞，此时需清洗过滤器。试验表明，施肥速度为6米³/时，应用120目的6.6厘米（2寸）叠片过滤器，以膨润土为肥料的填充料，当水不溶物含量为5.0%、4.0%、3.0%、2.0%的肥料在滴灌系统施用时，过滤器两端的压力差分别在第6分钟、第8分钟、第10分钟、第15分钟时达到5米水压，而水不溶物含量为1.0%、0.5%的肥料和清水对照，在肥料施完后过滤器两端的压力差分别为4.3米、1.0米、0.4米水压。以30分

钟为限观察含水不溶物 0.5%、1.0%、2.0%、3.0% 的水溶肥料通过 120 目过滤器后过滤器两端的压力差分别为 1.0 米、3.3 米、9.6 米、13.9 米水压。通常施肥时间在几十分钟至几小时，当采用滴灌时，水溶性肥料的水不溶物含量至少应小于 0.5%。否则要频繁清洗过滤器。实践表明，一般半小时清洗一次过滤器大部分农户是可以接受的。但随着劳力成本越来越高，清洗的间隔时间应该越长越好。

水不溶物含量是否越低越好要依据灌溉模式及作物的效益而定。对水溶性复混肥而言，通常水不溶物含量越低，价格越贵。选择肥料时首先要看灌溉模式。比如水不溶物小于 0.1% 可以用于滴灌系统，水不溶物小于 0.5% 可以用于喷灌系统，水不溶物小于 5% 可以用于冲施、淋施、浇施等。即使用于滴灌，不同的过滤装备对不溶物含量要求也不同。一般自动反冲洗过滤器对水不溶物含量要求低一些，杂质可以随时被冲洗。如果是人工清洗的过滤器，杂质太多就需要频繁冲洗，会严重影响施肥进程。一些溶解速度快但杂质较多的复混肥在经过沉淀过滤后也能用于滴灌系统。另外肥料溶解的时间长短也是一个重要指标。比如硫酸钾是可以完全溶解的肥料，但溶解速度很慢，通常超过用户的等待限度。小面积施用一般可行，但大面积施用就要设计专门的溶肥池，提前溶解。农业生产是一种经济行为，选择水溶肥料要考虑技术、价格、投入产出效益等多种因素。

一些含杂质较多的复合肥溶解很快，可以采取前处理让杂质沉淀下来。将上清液用于滴灌，不会堵塞过滤器。具体做法如下：建立肥料池，将肥料池分成三部分，第一部分溶解肥料，最好配置搅拌机。第二部分初级过滤肥料，过滤网用 316 不锈钢网，20～30 目。第三部分再次过滤肥料，用 80～100 目 316 不锈钢网。经两级过滤后的肥液进入管道系统。

二、用于灌溉施肥的肥料种类

常用的肥料有化肥、有机肥、叶面肥等。化肥中又有单元肥（如尿素、过磷酸钙等）、复合肥和混合肥（BB 肥）等很多品种；形态上分为固体肥和液体肥。

（一）常用的单元和二元水溶肥料

灌溉系统常用的氮肥、磷肥、钾肥及中微量元素肥料如下。

1. 氮肥

用于灌溉系统的氮肥种类见表 5-1。

表 5-1 用于灌溉系统的氮肥种类

肥 料	养分含量 （N-P$_2$O$_5$-K$_2$O）	分子式	pH 值 （1 克/升，20℃）
尿素	46-0-0	CO（NH$_2$）$_2$	5.8
磷酸尿素	17-44-0	CO（NH$_2$）$_2$·H$_3$PO$_4$	4.5
硝酸钾	13-0-46	KNO$_3$	7.0
硫酸铵	21-0-0	（NH$_4$）$_2$SO$_4$	5.5
碳酸氢铵	17-0-0	NH$_4$HCO$_3$	8.0
氯化铵	25-0-0	NH$_4$Cl	7.2
氮溶液	32-0-0	CO（NH$_2$）$_2$·NH$_4$NO$_3$	6.9
硝酸铵	34-0-0	NH$_4$NO$_3$	5.7
磷酸一铵	12-61-0	NH$_4$H$_2$PO$_4$	4.9
磷酸二铵	21-53-0	（NH$_4$）$_2$HPO$_4$	8.0
聚磷酸铵	10-34-0	（NH$_4$）$_{(n+2)}$PO$_{(3n+1)}$	7.0
硝酸钙	15-0-0	Ca（NO$_3$）$_2$	5.8
硝酸镁	11-0-0	Mg（NO$_3$）$_2$	7.0
硝酸铵钙	15.5-0-0	5Ca（NO$_3$）$_2$·NH$_4$NO$_3$·10H$_2$O	7.0

注：磷酸尿素也叫磷脲。氮溶液由尿素和硝酸铵配制。硝酸铵钙不同厂家产品存在较大养分差别。n 为聚磷酸铵的聚合度，作为肥料使用，$n < 20$，下同。

尿素是灌溉系统使用最多的氮肥。其溶解性好、养分含量高、无残渣，与其他肥料的相容性好。容易购买，是配制水溶性复合肥的主要原料。

磷酸尿素由湿法磷酸与尿素溶液反应制成，也可由稀磷酸与尿素反应制成，经溶液浓缩、离心分离、干燥，制得磷酸尿素成品。外观呈无色透明棱柱状结晶，易溶于水，水溶液呈强酸性，1%水溶液的 pH 值为 1.89。适合在石灰性土壤施用。磷酸尿素目前市场少见，不易购买。

碳酸氢铵、硫酸铵、氯化铵都是常用的氮肥，溶解性好，无残渣。硫酸铵与氯化铵可以用于配制低档水溶复合肥。氯化铵对忌氯作物要慎用。

硝酸铵溶解性好，铵态氮与硝态氮平衡，是灌溉用的优质氮肥。与其他肥料的兼容性好。但目前国家禁止固体硝酸铵进入市场。目前硝酸铵主要以硝酸铵钙的形式用于灌溉系统。

氮溶液由氨水、尿素、硝酸铵几种原料在加水或不加水的情况下混合而成。它含有多种氮的形态，氮养分含量在30%～40%。作为一种高浓度的液体氮肥，其非常适合自动化施肥，也是配制液体复合肥的基础原料，在一些农业发达国家得到广泛应用，我国市场尚无正式产品。

磷酸一铵和磷酸二铵均指工业级别，外观白色结晶状，全溶于水，是配制水溶性复合肥的基础原料。农用磷酸一铵和磷酸二铵因含有大量的杂质不能用于灌溉系统，否则会造成严重堵塞，使施肥无法进行。

聚磷酸铵又称多聚磷酸铵或缩聚磷酸铵（简称APP），无毒无味，溶解性好，用作肥料的聚磷酸铵聚合度（n）在5～20。聚磷酸铵可以在一定程度上螯合金属离子，提高锌锰等元素的活性。聚磷酸铵有固体与液体两种形态，在农业发达国家已广泛应用于复混肥和液体肥料的生产，与氮溶液、钾肥生产多种液体复混肥配方。我国目前有个别企业开始研发和试生产农用聚磷酸铵。

硝酸钙和硝酸镁不但提供硝态氮肥，还提供中量元素钙镁，溶解性好，无渣。缺点是吸潮严重，包装一定要密封。硝酸钙市场容易购买，但硝酸镁市场少见。

为解决硝酸铵的安全问题和硝酸钙的吸潮问题，现在市场上有一种硝酸铵钙的肥料，由于生产工艺不同，其组成存在一定的差别。通常为白色圆粒，溶解性好。目前硝酸铵钙的生产方法主要有两种：一种是硝酸铵和碳酸钙混合法，一种是氨化硝酸钙生产方法。一些硝酸铵钙含有少量镁。

2. 磷肥

用于灌溉系统的磷肥种类见表5-2。

表5-2　用于灌溉系统的磷肥种类

肥　料	养分含量 （N-P$_2$O$_5$-K$_2$O）	分子式	pH 值 （1克/升，20℃）
磷酸	0-52-0	H$_3$PO$_4$	2.6
磷酸二氢钾	0-52-34	KH$_2$PO$_4$	5.5
磷酸尿素	17-44-0	CO（NH$_2$）$_2$·H$_3$PO$_4$	4.5
聚磷酸铵	10-34-0	（NH$_4$）$_{(n+2)}$PO$_{(3n+1)}$	7.0
磷酸一铵	12-61-0	NH$_4$H$_2$PO$_4$	4.9
磷酸二铵	21-53-0	（NH$_4$）$_2$HPO$_4$	8.0

磷酸具一定的腐蚀性，酸性强，磷含量变幅大，作灌溉用肥料时操作要加倍小心。一般不建议使用。磷酸二氢钾溶解性好，但价格昂贵，一般不建议在灌溉系统

施用。目前应用最广泛的是工业级磷酸一铵和磷酸二铵。

3. 钾肥

用于灌溉系统的钾肥种类见表5-3。

表5-3　用于灌溉系统的钾肥种类

肥料	养分含量（$N-P_2O_5-K_2O$）	分子式	pH 值（1 克/升，20℃）
硝酸钾	13-0-46	KNO_3	7.0
氯化钾	0-0-60	KCl	7.0
硫酸钾	0-0-50	K_2SO_4	3.7
磷酸二氢钾	0-52-34	KH_2PO_4	5.5

硝酸钾是用于灌溉系统的优质肥料，溶解快，无杂质，是蔬菜瓜果花卉等的理想肥料，也是制造水溶性复合肥的重要原料。

氯化钾仅指白色粉状氯化钾，主要用于做复合肥的钾原料，如约旦、以色列生产的氯化钾及国产氯化钾。加拿大产红色氯化钾因含有氧化铁等不溶物，不宜直接用于灌溉施肥。如要用，必须先在大桶内溶解，取上清液施用。现在市场上以色列产的钾肥有些也呈红色，但溶解性好，可以用于灌溉系统。

硫酸钾水溶性远低于氯化钾，使用时要不断搅拌，取上清液使用。对小面积农户使用一般不会造成困难。对于大面积使用的情况，由于量大溶解慢，会严重影响施肥速度。建议建大的施肥池，安装搅拌机，提前溶解肥料。现市场上有水溶性硫酸钾出售，该产品酸性较强，使用时要注意酸性可能对系统带来的腐蚀作用。

4. 中微量元素肥

用于灌溉系统的中微量元素见表5-4。

表5-4　用于灌溉系统的中微量元素

肥料	养分含量（%）	分子式	溶解度（克/100毫升）
硝酸钙	Ca, 19	$Ca(NO_3)_2$	100
硝酸铵钙	Ca, 19	$5Ca(NO_3)_2 \cdot NH_4NO_3 \cdot 10H_2O$	易溶
氯化钙	Ca, 27	$CaCl_2 \cdot 2H_2O$	75
硫酸镁	Mg, 9.6	$MgSO_4 \cdot 7H_2O$	26
硝酸镁	Mg, 9.4	$Mg(NO_3)_2 \cdot 6H_2O$	42
硫酸钾镁	Mg, 5~7	$K_2SO_4 \cdot MgSO_4$	易溶

（续表）

肥料	养分含量（%）	分子式	溶解度（克/100毫升）
硼酸	B，17.5	H_3BO_4	6.4
硼砂	B，11.0	$Na_2B_4O_7 \cdot 10H_2O$	2.1
水溶性硼肥	B，20.5	$Na_2B_8O_{13} \cdot 4H_2O$	易溶
硫酸铜	Cu，25.5	$CuSO_4 \cdot 5H_2O$	35.8
硫酸锰	Mn，30.0	$MnSO_4 \cdot H_2O$	63
硫酸锌	Zn，21.0	$ZnSO_4 \cdot 7H_2O$	54
钼酸	Mo，59	$MoO_3 \cdot H_2O$	0.2
钼酸铵	Mo，54	$(NH_4)_6Mo_7O_{24} \cdot 4H_2O$	易溶
螯合锌	5.0～14.0	DTPA 或 EDTA	易溶
螯合铁	4.0～14.0	DTPA、EDTA 或 EDDHA	易溶
螯合锰	5.0～12.0	DTPA 或 EDTA	易溶
螯合铜	5.0～14.0	DTPA 或 EDTA	易溶

中微量元素水溶肥中，绝大部分溶解性好，杂质少。钙肥常用的有硝酸钙、硝酸铵钙，氯化钙对忌氯作物要慎用。镁肥常用的有硫酸镁，溶解性好，价格便宜。硝酸镁由于价格昂贵较少使用。现在硫酸钾镁肥越来越普及，既补钾又补镁。硼酸和硼砂在常温下溶解性很低，但在灌溉施肥时有大量的水去溶解，且施肥时间长，一般不存在溶解难的问题。

微量元素很少单独通过灌溉系统应用，主要是通过施含微量元素的水溶性复合肥一起施入土壤。由于配制复合肥要考虑沉淀结块等问题，通常金属微量元素以螯合态形式加入复合肥中。

（二）水溶性复混肥

水溶性肥料是近几年兴起的一种新型肥料，我国水溶性肥料农业标准中把它定义为经水溶解或稀释，用于灌溉施肥、叶面施肥、无土栽培、浸种蘸根等用途的液体或固体肥料。在实际生产中，水溶性肥料主要是指水溶性复混肥，不包括尿素、氯化钾等单质水溶肥料（这些肥料已有单独的国家标准），能准确概括其真正内涵的名称应叫"水溶性复混肥"。目前我国生产的水溶性复混肥必须经国家化肥质量监督检验中心进行登记。根据其组分不同，可以分为水溶性氮磷钾肥料、水溶性微量元素肥料、含氨基酸类水溶性肥料、含腐植酸类水溶性肥料。在这四类肥料中，水溶性氮磷钾肥料既能满足作物多营养生长需求，又适合用于灌溉系统，是未来发展的主要类型。各类肥料的养分指标见表 5-5 至表 5-10。

表 5-5　大量元素水溶肥料指标（NY/T 1107—2020）

项目		固体形态（%）	液体形态（克/升）
$N+P_2O_5+K_2O$		≥50.0	≥400
水不溶物含量		≤1.0	≤10
水		≤3.0	—
缩二脲含量		≤0.9%	≤0.9%
氯离子含量	未标"含氯"的产品	≤3.0	≤30.0
	标识"含氯（低氯）"的产品	≤15.0	≤150.0
	标识"含氯（中氯）"的产品	≤30.0	≤300.0

表 5-6　微量元素水溶肥料指标（NY 1428—2010）

项目	固体形态（%）	液体形态（克/升）
微量元素（TE）	≥10.0	≥100
水分	≤6.0	—
水不溶物含量	≤5.0	≤50
pH 值（1∶250 倍稀释）	3.0～10.0	3.0～10.0

表 5-7　氨基酸水溶肥料指标（中量元素型，NY 1429—2010）

项目	固体形态（%）	液体形态（克/升）
氨基酸含量	≥10.0	≥100
Ca+Mg	≥3.0	≥30
水不溶物含量	≤5.0	≤50
pH 值（1∶250 倍稀释）	3.0～9.0	3.0～9.0
水分	≤4.0	—

表 5-8　氨基酸水溶肥料指标（微量元素型，NY 1429—2010）

项目	固体形态（%）	液体形态（克/升）
氨基酸含量	≥10.0	≥100

（续表）

项目	固体形态（%）	液体形态（克/升）
微量元素（TE）	≥2.0	≥20
水不溶物含量	≤5.0	≤50
pH 值（1：250 倍稀释）	3.0~9.0	3.0~9.0
水分	≤4.0	—

表5-9　腐植酸水溶肥料指标（大量元素型，NY 1106—2010）

项目	固体形态（%）	液体形态（克/升）
腐植酸含量	≥3.0	≥30
$N+P_2O_5+K_2O$	≥20.0	≥200
水不溶物含量	≤5.0	≤50
pH 值（1：250 倍稀释）	4.0~10.0	4.0~10.0
水分	≤5.0	—

表5-10　腐植酸水溶肥料指标（微量元素型，NY 1106—2010）

项目	固体形态（%）
腐植酸含量	≥3.0
微量元素（TE）	≥6.0
水不溶物含量	≤5.0
pH 值（1：250 倍稀释）	4.0~10.0
水分	≤5.0

　　同常规复混肥一样，水溶性复混肥也是用单质或二元肥做原料配制。常用的原料有尿素、硝酸铵、硝酸钾、硫酸铵、磷酸一铵、磷酸二铵、磷酸二氢钾、氯化钾、硫酸钾、硫酸镁、硝酸铵钙、螯合态铁锰铜锌、硼砂、硼酸、钼酸铵等。含氮磷钾养分大于50%及微量元素大于0.2%的固体水溶复混肥是目前市场上供应较多的种类。常见的配方有：高氮型（30-10-10[①]+TE，高氮型配方易吸潮结块，物理性质不稳定，配方较少），高磷型（9-45-15+TE，20-30-10+TE，10-30-20+TE，

　　[①]　表示含30% N，10% P_2O_5 和10% K_2O，全书同。

7-48-17+2MgO+TE，11-40-11+2MgO+TE 等），高钾型（15-10-30+TE，8-16-40+TE，12-5-37+2MgO+TE，6-22-31+2.5MgO+TE 等），平衡型（19-19-19+TE，20-20-20+TE，18-18-18+TE 等）。大部分采用冷混法生产的水溶肥呈粉末状，一些厂家为了区分配方，加入了色素，使外观呈现浅蓝色、浅绿色、浅黄色、浅紫色等。一些用高塔生产的水溶复合肥外观为颗粒状。

（三）液体肥料

又称流体肥料，是含有一种或一种以上的作物所需的营养元素的液体产品。这些营养元素作为溶质溶解在水中成为溶液或借助悬浮剂的作用悬浮于水中成为悬浮液。液体肥料发展至今，品种甚多，大致可以分为液体氮肥和液体复混肥料两大类。其中液体氮肥的有效物质有铵态氮、硝态氮和酰胺态氮，如液氨、氨水、氮溶液。

液体复混肥含有植物生长所需的全部营养元素，如氮、磷、钾、钙、镁、硫和微量元素等，也可以加入溶于水的有机物质（如腐植酸、氨基酸、植物生长调节剂等）。液体肥料可以根据作物生长所需要的营养需求特点来设计肥料配方，随时根据作物不同长势对肥料配方做出调整。科学的配方可以显著地提高肥料利用率，液体肥料的肥效通常比常规复合肥料高。

液体复混肥料又分为清液肥料和悬浮肥料。清液肥料是指把作物生长所需的养分全部溶解在水中，形成澄清无沉淀的液体。悬浮肥料中的养分没有全部溶解而是通过添加助剂，使植物所需的养分悬浮在液体中，两种液肥在生产实践中各自发挥着其不同的优势和特点，清液肥料中所有的养分都溶解在液相中，形成均匀一致的液体，能在机械施肥中发挥固体肥料达不到的优势。但清液肥料存在一个养分含量低的弱点，所以清液肥料的运输成为问题。为了解决液体肥料长距离运输的问题，所以开发研究了悬浮肥料。由于悬浮肥料中的养分粒子大多数是以悬浮态形式存在的，所以悬浮肥料中的养分含量很高，有的悬浮肥料的养分含量高达 50%。另外，生产清液肥料对原料的要求比悬浮肥料高，清液肥料要求所有的原料都是水溶性很好的成分，这样才能保证清液肥料的澄清性，而悬浮肥料则没有这种要求，对于一些不溶于水的氧化物如氧化镁、氧化锌都可以作为生产悬浮肥料的原料。

液体肥料在其养分表示形式上与固体肥料大同小异，一般用 $N-P_2O_5-K_2O$ 来表示液体肥料中的不同配比。有些产品也会用 $N-P_2O_5-K_2O+TE$ 表示，TE 则表示肥料中含有微量元素，生产厂商一般会在技术手册中说明肥料中微量元素的含量以及形态。但我国水溶性肥料行业标准中对液体肥料的养分含量以克/升表示。清液肥料中微量元素一般以螯合态微量元素居多，悬浮肥料中的微量元素可以是一些金属氧化物，这些金属氧化物施入土壤后可以被植物缓慢吸收。

液体肥料是自动化施肥的首选肥料。在劳动力昂贵的发达国家，不可能人工溶解肥料，自动化施肥是唯一选择。在这种情况下施用液体肥料非常方便。在以色列，大田作物所用肥料几乎全为液体肥料。美国液体肥料也得到广泛应用。

固体有机肥经沤腐过滤后，也可直接应用于灌溉施肥。易沤腐、残渣少的有机肥都适合于灌溉施肥。如人畜粪尿极易沤腐，残渣很少。上清液经过滤后可直接应用于灌溉系统。但有些有机肥沤后残渣很多，不宜作灌溉肥料（如花生麸）。将鸡粪和水以 1:4 的比例混合后放入水泥池内发酵，每隔 1 周搅动 1 次。当水温在 25℃ 左右时，15 天即可沤腐完成，残渣率不足 3.5%。沤腐完成后的鸡粪溶液先用 60 目的筛网过滤，然后将滤液清液倒入装有石英砂（$\Phi0.8 \sim 3.0$ 毫米）的塑料桶，桶内砂厚度约为 70 厘米，底部出口处放置孔径为 80 目尼龙网，收集的滤液用于滴灌。在土壤栽培条件下，鸡粪沤腐液可以提供足够的氮磷钾养分，供试番茄生长良好。鸡粪沤腐液在田间由滴灌系统应用于黄皮（一种亚热带特产水果）效果良好，植株抽梢速度快，叶片大而厚，幼树的生长速度比常规灌溉施肥的树体大一倍以上。沤腐液体有机肥应用于滴灌更加方便。只要肥液中不存在导致灌溉系统堵塞的颗粒，均可直接应用。笔者进行的滴灌系统施用有机肥滴头堵塞试验表明，当沤腐有机肥经过上述过滤措施，滴施完后保证 15 分钟以上的清水冲洗，滴头和过滤器无任何堵塞，滴头处也不会生长藻类青苔等低等植物。

沼气工程技术近些年在我国得到快速推广。在生产沼气的过程中会产生大量沼液，特别是大型沼气厂排放量很大，需要充分利用这些沼液。有的直接用槽车拉到周围的菜场、果园、林地直接浇施，有的通过喷灌、滴灌施用。用于喷灌和微喷灌系统沼液只需简单过滤即可施用，但用于滴灌必须经几级过滤系统。

先将发酵后的沼液排入一个沉淀池，沉淀池与一级过滤池相连，在两池中间安装 20 目的 316 不锈钢网，不锈钢网宽度不超过 1 米，用不锈槽钢加固。根据流量大小可以安装多个。一级过滤池与二级过滤池之间用 80 目 316 不锈钢网过滤。经两道过滤的沼液由水泵抽入灌溉系统，经首部安装的 120 目叠片或网式过滤器过滤后进入滴灌管道。对于一边发酵一边排沼液的系统，由于一些没有完全发酵的物料也会被排出，增加过滤负担，一般建议多建一个沉淀池。在使用过程中，不锈钢滤网会被沼渣堵塞，导致前面池中的沼液过不来。可以从泵房接一条冲水管对过滤网进行反冲洗，在有压水流冲击下，附着在网上的碎渣纷纷下沉，沼液可以顺利被过滤。

三、肥料间及肥料与其他因素的相互作用

（一）肥料混合时的反应

当多种肥料配成营养母液使用时，由于液体中存在多种离子，离子间可能发生各种反应，从而影响养分的有效性。最常见的情况如下。①当溶液中存在钙、镁离子和磷酸根离子时，会形成钙、镁磷酸盐的沉淀。这种沉淀会堵塞滴头和过滤器，同时降低养分的有效性。②当钙离子与硫酸根离子结合时，会形成硫酸钙的难溶性沉淀。③有些肥料具有强腐蚀性（磷酸），当用铁制施肥罐时，会溶解金属铁，铁与磷酸根生成磷酸铁的沉淀。④在极端 pH 条件下络合剂的分解。如 EDTA 铁、锌等在碱性条件下络合物分解，铁、锌离子释放出来，形成氢氧化物的沉淀。⑤一些肥料在混合时会产生吸热反应，降低溶液温度，使一些肥料的溶解度降低，并产生盐析作用。如硝酸钾、尿素等在溶解时都会吸热，使溶液温度下降。

在配制用于灌溉施肥的营养液时，必须考虑不同肥料混合后产物的溶解度。肥料混合物在贮肥罐中由于形成沉淀而使混合物的溶解度降低。

例如，硝酸钙与任何硫酸盐混合会形成硫酸钙沉淀（石膏）：

$Ca(NO_3)_2+(NH_4)_2SO_4 \rightarrow CaSO_4 \downarrow +2NH_4NO_3$

硝酸钙与任何磷酸盐会形成磷酸钙沉淀：

$Ca(NO_3)_2+2NH_4H_2PO_4 \rightarrow 2CaHPO_4 \downarrow +2NH_4NO_3$

镁与磷酸一铵或磷酸二铵会形成磷酸镁沉淀：

$Mg(NO_3)_2+2NH_4H_2PO_4 \rightarrow 2MgHPO_4 \downarrow +2NH_4NO_3$

硫酸铵与氯化钾或硝酸钾形成硫酸钾，硫酸钾溶解度较小：

$(NH_4)_2SO_4+KCl$ 或 $KNO_3 \rightarrow K_2SO_4+NH_4NO_3$ 或 NH_4Cl

磷酸盐与铁形成磷酸铁沉淀等。

一般采用两个以上的贮肥罐把混合后相互作用会产生沉淀的肥料分别贮存。在一个贮肥罐中贮存钙、镁，在另一个贮肥罐中贮存磷酸盐和硫酸盐，微量营养元素也最好单独贮存。

（二）肥料溶解时的温度变化

多数肥料在溶解时会伴随热反应。如磷酸溶解时会放出热量，尿素溶解时会吸收热量，使水温降低。了解这些反应对田间配制营养母液有一定的指导意义。如气温较低时为防止盐析作用，应合理安排各种肥料的溶解顺序，尽量利用它们之间的

互补热量来溶解肥料。磷酸稀释是一个放热反应，使溶液的温度升高，所以在加入尿素或氯化钾（两者溶解是吸热反应）以前应先加入磷酸。利用肥料的加入顺序而使溶液温度升高，对在低温地区增加肥料的溶解度有积极作用。表5-11列出了一些肥料的吸热值。水温会显著影响肥料的溶解速度，表5-12列出了部分肥料溶解度与温度的关系。

表5-11　不同灌溉肥料的吸热值

肥料浓度	吸热值（千焦/千克）					
（千克/米³）	氯化钾	硝酸钾	磷酸二氢钾	硝酸铵	硫酸铵	尿素
50	232.7	329.0	141.5	311.4	59.2	249.9
100	226.5	311.9	138.1	298.0	55.7	245.3
150	218.9	299.7	135.2	289.7	53.6	240.7

表5-12　化肥在不同温度下的溶解度

肥料	分子式	溶解度（克/100毫升）			
		0℃	10℃	20℃	30℃
尿素	$CO(NH_2)_2$	68	85	106	133
硝酸铵	NH_4NO_3	118	158	195	242
硝酸钾	KNO_3	13	21	32	46
硫酸铵	$(NH_4)_2SO_4$	70	73	75	78
硝酸钙	$Ca(NO_3)_2$	102	124	129	162
氯化钾	KCl	28	31	34	37
硫酸钾	K_2SO_4	7	9	11	13
磷酸二氢钾	KH_2PO_4	14	17	22	27
磷酸一铵	$NH_4H_2PO_4$	23	29	37	46
磷酸二铵	$(NH_4)_2HPO_4$	43	63	69	75
硫酸镁	$MgSO_4$	26	31	36	40

（三）肥料与灌溉水的反应

灌溉水中通常含有各种离子和杂质。如钙镁离子、硫酸根离子、碳酸根和碳酸氢根离子等。这些灌溉水中固有的离子达到一定浓度时，即与肥料中有关离子反应，产生沉淀。这些沉淀易堵塞滴头和过滤器，降低养分的有效性。我国北方地区灌溉水的硬度较高（当钙和镁含量＞50毫克/升，重碳酸根离子＞150毫克/升，pH值＞7.5），利用这种水进行灌溉施肥时，灌溉水中的钙和镁与肥料中的磷酸根离子和硫酸根离子结合形成沉淀。如钙离子与碳酸根反应形成石灰结块（即碳酸钙沉淀）：

$$Ca^{2+}+CO_3^{2-}\rightarrow CaCO_3\downarrow （pH 值＞7.5）$$

当水的硬度较大时，通过灌溉系统施肥（尤其是磷肥）很容易产生沉淀，造成滴头和过滤器的堵塞。建议采用酸性肥料（如磷肥选用磷酸或磷酸一铵），在灌溉系统中定期注入酸溶液（如磷酸、硫酸、盐酸等），溶解沉淀，防止滴头阻塞。应用基质栽培时，如灌溉水中含钙镁较高，可不考虑添加钙镁肥料，否则要根据灌溉水的钙镁含量适当添加钙镁肥料。通常可通过测定灌溉水的电导率来了解水的硬度。当灌溉水的电导率较高时（＞2毫西/厘米），施用磷酸盐或硫酸盐可能存在沉淀的危险。在电导率较高的灌溉水中加入肥料（无机盐），可能会对作物造成盐害。

（四）灌溉用肥料与设备间的反应

因为肥料要通过灌溉系统使用，灌溉系统的材料和肥料要直接接触。有些材料容易被腐蚀、生锈或溶解，有些则抗性强，可耐酸碱盐。表5-13列出了一些肥料对不同材料的腐蚀程度。

表5-13 肥料的腐蚀性

金属种类	硝酸钙	磷酸	磷酸二铵	硝酸铵	硫酸铵	尿素
镀锌铁	2	4	1	4	4	1
铝板	无	2	2	1	1	无
不锈钢	无	1	无	无	无	无
青铜	1	2	4	3	3	无
黄铜	1	2	4	3	2	无

注：腐蚀程度，1为轻度，2为中等，3为明显，4为严重。

第三节 营养液的配制

一、常用配方

虽然已有大量的商品液体肥料的供应，但是按一定的配方用单质肥料自行配制营养液通常更为便宜。特别是在一些规模较大的农场或集约化种植的地方，由于土壤和作物的差异，自行配制营养母液更具实际意义。养分的组成由具体作物而定，养分的比例也可依据作物的不同生育期进行调整。配制一系列高浓度的营养液，施用时再按比例稀释是十分方便的。这些高浓度的营养液常称为储备液或母液。"量体裁衣式"配制的营养液具有很高的灵活性，能更好地满足植物的需要。把元素间不发生化学反应、能完全而迅速溶解的肥料混合在一起，在田间即可配制不同钾比例的营养液。表5-14和表5-15列出了利用常用肥料配制营养母液。

表5-14　常用氮磷钾储备液配方

N-P_2O_5-K_2O 比率	养分组成（%）N-P_2O_5-K_2O	肥料名称	密度（克/厘米^3）	pH值（1:1 000）	电导率（1:1 000, 毫西/厘米）
1-1-1	3.6-3.6-3.6	磷酸/尿素/氯化钾	1.08	3.3	0.30
0-1-1	0-6.3-6.3	磷酸/氯化钾	1.09	2.7	0.45
0-2-1	0-7.4-3.7	磷酸/氯化钾	1.09	2.7	0.41
1-1-3	2.7-2.7-8.1	磷酸/尿素/氯化钾	1.11	3.6	0.36
1-2-4	2.5-5.1-10.1	磷酸/尿素/氯化钾	1.14	4.3	0.49
3-1-3	5.1-1.7-5.1	磷酸/尿素/氯化钾	1.08	3.7	0.22

表5-15　自行配制氮磷钾储备液

类别	N-P_2O_5-K_2O 比率	组成（%，重量）			添加的重量（千克/100升容器）				
		N	P_2O_5	K_2O	尿素	硫铵	磷酸	磷酸二氢钾	氯化钾
NPK	1-1-1	3.3	3.3	3.3	7.2	—	5.3	—	5.4
	1-1-1	4.4	4.6	4.9	9.6	—		8.8	3.0
	1-2-4	2.2	4.8	8.9	4.8	—	7.7	—	14.6
	3-1-1	6.9	2.3	4.3	15.0	—	3.7	—	7.0
	3-1-3	6.4	2.1	6.4	13.9	—	4.0	—	8.2
	1-2-1	2.5	5.0	2.5	5.4	—	8.1	—	4.1
NK	1-0-1	4.6	0	4.6	10.0		—	—	7.5
	1-0-2	1.9	0	3.9	—	9.0	—	—	6.4
	2-0-1	5.8	0	2.9	12.6	—	—	—	4.8

（续表）

类别	N-P$_2$O$_5$-K$_2$O 比率	组成（%，重量）			添加的重量（千克/100 升容器）				
		N	P$_2$O$_5$	K$_2$O	尿素	硫铵	磷酸	磷酸二氢钾	氯化钾
PK	0-1-1	0	5.8	5.8	—	—	9.4	—	9.5
	0-1-2	0	3.9	8.0	—	—	—	7.5	8.9
K	0-0-1	0	0	7.5	—	—	—	—	12.3

二、养分含量的换算

肥料有效养分的标识，通常以其氧化物含量的百分数表示。对氮磷钾而言，氮以纯氮表示（N%），磷以五氧化二磷（P$_2$O$_5$%）表示，钾以氧化钾（K$_2$O%）表示。如某种肥料氮磷钾含量为 15-15-15，表示含 15%N，15%P$_2$O$_5$ 和 15%K$_2$O。但有些情况下计算磷或钾的含量以元素计算更加方便（如配制营养母液）。元素与氧化物之间的换算关系如下。

氮肥（不存在换算）。

磷肥：由 P$_2$O$_5$ 换算成 P 的换算因子为 0.437；由 P 换算为 P$_2$O$_5$ 的换算因子为 2.291。即 1 千克 P$_2$O$_5$ = 0.437 千克 P，1 千克 P = 2.291 千克 P$_2$O$_5$。

钾肥：由 K$_2$O 换算成 K 的换算因子为 0.83；由 K 换算为 K$_2$O 的换算因子为 1.205。即 1 千克 K$_2$O = 0.83 千克纯 K，1 千克纯 K = 1.205 千克 K$_2$O。

实例：计算液体肥料的养分含量。

1. 计算一定体积液体肥料中营养元素的数量

某一营养元素的重量百分比乘以液体肥的容重（单位体积肥料的重量）。如 1.15 千克/升的 1 升 2-0-10 的液体肥料，养分计算如下。

含氮量：1 升×2%×1.15 千克/升 = 23 克 N

含钾量：1 升×10%×1.15 千克/升 = 115 克 K$_2$O = 95.5 克 K

如施用 150 千克 K 需要上述母液：150/95.5 ×1 000 = 1 570 升

2. 配制一定浓度的营养贮备液

例 1，如要配制 100 千克氮磷钾比例为 6.4：2.1：6.4 的营养贮备液，具体操作过程如下：

（1）计算 N、P$_2$O$_5$ 和 K$_2$O 含量

100 千克上述养分含量的贮备液含 N 6.4 千克，P$_2$O$_5$ 2.1 千克和 K$_2$O 6.4 千克。

（2）计算具体肥料用量

2.1 千克 P_2O_5 需 KH_2PO_4 的量：2.1 千克/52% = 4.04 千克

4.04 千克 KH_2PO_4 含 K_2O 的量：4.04×34% K_2O = 1.37 千克 K_2O

余下的 K（6.40−1.37 = 5.03 千克）由 KCl 提供，需要 KCl 量：5.03 千克 K_2O 需 KCl 量为 5.03/61% = 8.24 千克

6.4 千克 N 需尿素量：6.4/46% = 13.9 千克

因此，配上述比例的 100 千克母液需尿素 13.9 千克，KH_2PO_4 4.04 千克，KCl 8.24 千克。

（3）配制过程

在容器中加入 74 升水，加入 4.04 千克 KH_2PO_4，加入 13.9 千克尿素，再加入 8.24 千克 KCl，搅拌完全溶解后即可。如在 1 米³ 水中加入 2 升储备液，则溶液中氮磷钾浓度约为：130 毫克/千克 N，40 毫克/千克 P_2O_5，130 毫克/千克 K_2O。

例 2，需要配制出如下浓度的肥料混合液。N = 200 毫克/千克，P_2O_5 = 80 毫克/千克，K_2O = 125 毫克/千克，N∶P_2O_5∶K_2O = 2·5∶1∶1.6。可用的肥料有磷酸一铵和尿素（氮源和磷源），氯化钾（钾源）。请按以下步骤操作。

第一步，磷的计算。

磷酸一铵的 P_2O_5 含量为 61%，要配制 80 毫克/千克的 P_2O_5，则需要磷酸一铵实物量为 80/61% = 131 毫克/千克。

第二步，氮的计算。

磷酸一铵的 N 含量为 12%，提供 80 毫克/千克的 P_2O_5 时需要 131 毫克/千克的肥料，此时可提供 N 的量为 131 毫克/千克×12% = 15.7 毫克/千克。其余的 N = 200−15.7 = 184.3 毫克/千克 N 就以尿素的形式提供。

N 的需要量为 184.3 毫克/千克，尿素含 N 为 46%，故尿素实物量为 184.3÷46% = 400 毫克/千克。

第三步，钾的计算。

K 的需要量为 125 毫克/千克 K_2O，氯化钾中含 K_2O 为 61%。因此，配制 125 毫克/千克的 K_2O 需要氯化钾肥料量为 125÷61% = 205 毫克/千克。在 1 米³ 水中加入 400 克尿素，131 克磷酸一铵和 205 克氯化钾即可配成含 N 200 毫克/千克，P_2O_5 80 毫克/千克和 K_2O 125 毫克/千克的营养液。

第六章

水肥一体化系统的选择
与设计、施工

第一节　灌溉系统的选择

一套灌溉系统是由很多配套设备组合而成，不同设备在灌溉系统中起着不同的作用，如水泵用来加压，过滤器用来过滤水源中的杂质，各种阀门起着控制水流及保护系统安全的作用，管道用来输送水流，而喷头则主要用来将水均匀地喷洒到土壤。因而各种设备的选择、不同设备之间的相互配套以及各类设备在田间的布置形式都会影响到灌溉系统的安全运行、灌水质量的好坏和系统的投资及运行费用的高低。

一、基本资料的收集

灌区基本资料是进行灌溉系统规划设计的依据，主要包括：灌区的自然条件、生产条件和社会经济条件等方面的基本资料。与此同时，还应对未来灌溉系统的用户进行必要的调查与咨询，以使系统的规划设计更符合用户的需要。

（一）自然条件

1. 地形
灌区的地形不仅反映灌区内不同地物的分布形式，而且反映其地面坡度状况，因此灌区内的地形条件不仅对灌溉系统的总体规划和布置形式有很大影响，而且灌溉系统的水力计算及管道设计都必须依灌区地形进行，是进行灌溉系统合理规划设计时必需的基本资料，一般要求采用 1：1 000～1：2 000 的地形图。

2. 土壤
灌区内的土壤特性对于确定作物的灌溉制度、喷头选择以及灌溉管道的设计和施工有很大关系。一般须掌握灌区土壤的质地、容重、土壤水分常数、土壤允许入渗速度等。在我国北方冬天有冻土层的地区还应该掌握冻土层深度和土壤温度情况，以确定地埋管道的埋深，防止冻裂。

3. 作物
灌溉的最终目的是为作物的正常生长提供所必需的水分，因而全面掌握灌区内的作物资料是必需的。灌区内作物的种类、种植方式、种植面积、分布特点、生育期、生育阶段及其天数、需水量、主要根系活动层深度是确定水源工程及整个灌溉工程规模的主要依据，同时也是正确选择灌溉类型、管道布设形式的依据。喷灌应了解作物茎秆高度，以确定合理的竖管高度。

4. 水源

水源是灌溉系统规划设计的前提，水源的水质、流量、与灌区的相对位置、在年内的分配特点，特别是灌溉季节的情况等是确定灌溉面积，是否修建引水、提水、蓄水工程及其规模的关键因素。可用的水源有河流、塘库、湖泊、渠道、井水、泉水以及经过净化的污水。

5. 气象

气温、降水量、蒸发量、湿度、风向、风速、日照时数等气象资料，是计算作物需水量和制定灌溉制度的依据。由于喷灌和微喷灌的水量分布受风的影响很大，因此在设计喷灌和微喷灌系统时必须掌握灌溉季节的主风向，最大、最小和常见风速的资料，以充分考虑风对灌水质量的影响。

（二）生产条件

灌区内当前的生产条件往往对工程投资、灌溉系统类型选择及灌区的规划有较大的影响，如果对现有生产条件利用得好，可以大大减少工程投资。因此在进行灌溉系统的规划设计时应了解灌区的水利工程现状、生产现状、农业生产发展规划和水利规划、动力和机械设备、灌溉材料和设备生产供应情况。

1. 水利工程现状

在进行灌溉工程设计时应尽可能充分利用现有的水利设施，以减少工程投资，因此在进行灌溉工程的规划设计时要先对灌区内已有的引水、提水、蓄水及其他水利工程进行调查了解，特别是对其位置、流量、配套设备状况和可利用情况进行详细调查。

2. 生产现状

主要了解灌区主要作物的产量、价格水平和农业生产的现代化水平，病虫害和灾害性天气情况以及由此造成的损失情况和防治能力，这些情况不仅用于灌溉工程的效益分析，而且对于正确选择灌溉系统类型和相应的设备也有参考价值。

3. 灌区的农业生产发展规划和水利规划

一般来说，灌溉工程建成之后，不会在短时间内进行随意的改动，因而在规划设计时应与当地的生产发展规划、水利规划和灌区规划相一致，以免与其他农事活动产生冲突。

4. 动力和机械设备

主要指电力和油料的供应情况和价格，动力消耗情况，已有灌溉设备的规格、数量和使用情况，供选择系统类型时参考。

5. 灌溉材料和设备的生产供应情况

灌溉材料和设备的投入在灌溉系统投资中占很大比重，在进行系统的规划与建设时应全面了解系统所用管材、建筑材料及相关设备在当地的供应情况，包括规格、性能、价格等，如要从外地或国外进行购买，还应充分考虑运输等附加费用，以便准确预算工程投资。

6. 生产组织和用水管理

当地的农业生产规模和集约化程度、机械化程度以及现有水利工程的管理方式等都会影响到灌溉系统类型的选择，尤其是在分散经营的农业种植区，一定要弄清地块的分布特点及经营方式，避免应用过程中产生纠纷。

（三）用户调查与技术咨询

任何灌溉系统最终都要交给用户去用。要使一个灌溉系统发挥最好的效益，不仅要求设计合理，更为重要的是在工程建成之后要得到很好的管理和充分的利用。设计再好的灌溉系统，如果满足不了用户的要求，往往会因得不到合理利用而大大降低其使用效率，甚至成为用户的一个负担。因此在进行灌溉系统的规划设计之前，要对灌溉系统的未来用户进行必要的调查与咨询。

1. 用户的种植计划

有些作物种植区，在一年内或几年内，种植的作物会由于季节的变化、倒茬等原因处于变动之中，在设计时要充分考虑此类情况。另外，有些用户对种植作物类型及种植年限都有自己的计划，这也是进行设计时必须要考虑清楚的问题，设计的系统一定要考虑能够适应种植结构发生变化以后的作物。

2. 用户对系统的要求

对同一系统，不同的用户会有不同的利用方法，因此不同的用户对系统的要求也不一样，对系统功能强调的重点也不一样，所以设计者不要凭自己的判断随意确定系统的类型和组成，尤其是对作物栽培技术掌握较少的设计人员更应该向用户了解灌区内作物对灌溉系统的要求。设计者不可能掌握每一种作物、果树以及其他灌溉对象的栽培技术，而用户一般对其栽培技术掌握较多，所以从灌溉对象对系统的要求来说，用户是最清楚的，设计人员在不影响系统设计标准的情况下应满足用户的特殊要求。

3. 灌溉系统投资者的投资能力

如果灌溉系统是个人或企业投资，则应了解投资者的投资能力，以合理选择灌溉系统的类型及设备，绝不能因一味追求自动化和高科技而增加投资。

4. 与用户进行相关的技术交流

随着国家对设施灌溉技术的大力推广和人们对该技术认识的逐渐提高，有很多个人和企业开始投资兴建灌溉系统。对于大面积的灌溉系统，必须请专业技术人员进行设计，专业的工程人员进行安装调试，但是对于小面积的个人用户来说，总是希望自己动手安装一个相对简单的设施灌溉系统，以省去设计安装费用，减少投资。但用户自己安装的系统总是存在一些问题，如管径过大、过滤装置不符合要求或根本不安装过滤装置、选用水泵扬程过高、经常爆管、选用动力机功率过高、用电量增加等。如果用户自己欲安装灌溉系统，在不掌握技术的前提下应向相关的专业技术人员进行咨询。

二、微灌系统的规划设计

微灌系统与喷灌系统相比，虽然其基本构成相似，包括水源工程、首部系统、输配水管网和灌水器，也需要一定的压力，但具有流量小，工作压力低，单位灌溉面积上灌水器数量大的特点，而且微灌系统大部分为局部灌溉，因而微灌系统的规划设计与喷灌系统既有联系又有区别。

由于微灌系统的灌水方式及灌水流量不同于喷灌系统，因而其管道及灌水器的田间布置与喷灌系统有很大区别，而且滴灌与微喷灌之间也有明显不同。如下部分分别介绍滴灌系统和微喷灌系统的首部枢纽和管网布置。

（一）微灌系统的布置

1. 首部枢纽布置

滴灌系统首部枢纽主要包括加压设备、控制阀门、过滤设备、施肥设备及量测设备等，所需设备与喷灌系统基本相同，所不同的是要求各设备的性能参数与喷灌系统不同，在规划设计时要谨慎地选择，过滤器的选择尤其是滴灌系统的关键。如果过滤器选择不当，造成的后果可能是滴头堵塞，或者过滤器易被堵塞，导致系统流量不能满足灌溉，过滤器的清洗次数增加，给管理带来诸多不便。因此过滤器的选择一定要根据水源的水质情况和滴头对水质处理的要求，选择适宜的过滤器，必要时采用不同类型的过滤器组合进行多级过滤。

2. 干支管布置

滴灌系统干支管的布置取决于地形、水源、作物分布和毛管的布置，其布置应达到管理方便，工程费用小的要求。一般当水源离灌区较近且灌溉面积较小时，可以只设支管，不设干管，相邻两级管道应尽量互相垂直以使管道长度最短而控制面积最大。在丘陵山地，干管多沿山脊布置或沿等高线布置。支管则垂直于等高线，向两边的毛管配水。在平地，干支管应尽量双向控制，两侧布置下级管道，可节省管材。

同一灌区滴灌系统的布置可以有很多种选择的方案，应在全面掌握灌区作物、地形等资料的基础上通过综合分析确定，选择出适合于当地生产条件，而工程投资少、管理方便的方案。

3. 毛管和滴头布置

滴头是人工安装在毛管上或镶嵌在毛管内壁，因而滴头和毛管的布置是同时进行的。滴头和毛管的布置形式取决于作物种类、种植方式、土壤类型、滴头流量和滴头类型，还须同时考虑施工和管理的方便。

（1）条播密植作物

大部分经济作物如棉花、玉米、蔬菜、花生、甘蔗等均属于条播密植作物，行间距大，株间距小，要求采用较高的湿润比，一般宜大于60%。这时毛管应平行作物种植行向布置，滴头均匀地布置在毛管上，一般直接选用内镶式滴灌带或滴灌管进行灌溉。滴头间距根据作物株距和土壤质地确定，一般为0.3～1.0米，具体布置形式有以下两种。

A. 每行作物一条毛管。当作物行距较大（超过1米）或土壤质地为砂壤土或砂土时，应每行作物至少布置一条毛管。

B. 每两行或多行作物一条毛管。当作物行间距较小（一般小于1米）时，可根据滴头流量的大小、土壤质地选择每两行作物布置一条毛管或多行作物布置一条毛管。注意在砂性土壤上毛管间距不宜太大。

土壤质地越黏重，则相同流量的滴头其湿润半径较小；反之越大。在同一质地土壤上，流量越大的滴头，其湿润半径越大；反之则越小。因而选择何种滴头和毛管的布置形式，要对作物的株行距大小、土壤质地、滴头流量大小进行综合分析确定，切不可仅按作物行距而确定，否则可能造成整个田间严重的灌水不均匀。

（2）果树和经济林

果树和经济林等乔、灌木树种的种植株间距变化较大，毛管的布置方式要根据树体大小、种植规则程度及滴头流量等因素确定。果树和经济林可采取每行树一条滴灌管、每行树两条滴灌管、滴灌管环绕树布置等形式。

A. 一行树布置一条毛管。土壤为中壤或黏壤土时，采用一行树布置一条毛管。滴头根据土壤质地情况而定，以灌水后能形成一条湿润带为宜，一般毛管间距在0.5～1.0米。这种布置方式节省毛管，系统投资低，应用普遍。特别是对根系比较发达的树木，一条滴灌管足够满足水肥需要。

B. 一行树布置两条毛管。当土壤为砂壤土、植物的根系稀少时，采用一行树布置两条毛管。

C. 毛管绕树布置。当果树的冠幅和栽植行距均较大（＞6米），栽植不规则，根系稀少时，可考虑毛管绕树布置形式，这种布置形式的优点在于，湿润面积近于圆形，其湿润范围可根据树体的大小调整，也利于果树各个方向根系的生长。这种布置形式一般在成龄果园安装滴灌时应用较多。

（二）微喷灌系统布置

微喷灌系统在果园、园林绿化及温室育苗中应用广泛，其中一些雾化程度较高的微喷灌在木耳、蘑菇等对空气湿度要求较高的食用菌栽培中有应用前景。微喷灌系统根据其支管、毛管和微喷头的布设位置可以分为以下几种形式。

地面式微喷灌系统：这是生产中应用最广泛的形式。在这种系统中，微喷头固定在约50厘米高的竖杆上，由毛管连接支管与微喷头，支管用抗老化的 PE 材料，铺设于地表。

悬挂式和树上式微喷灌系统：在苗木培育、花卉生产（尤其在温室内），木耳、蘑菇等菌类种植棚内，往往要求较高的土壤湿度和空气湿度，悬挂式微喷灌系统最为适合。它是用铁丝或管箍将支管悬挂在离地面一定高度的梁架上，并直接在支管上装微喷头进行悬空喷洒。另外，在我国江西的柑橘园和山东等地的苹果园、樱桃园，将微喷头置于树冠中或树冠顶部的微喷灌系统，可以改善苹果的着色，预防霜冻，在炎热的夏天起到降温改善田间小气候的作用。

半地下式微喷灌系统：半地下微喷灌系统是指干管和支管埋设在地下，微喷头不用毛管连接，直接用垂直安装于支管上的竖管连接，一般用螺纹三通与竖管连接，并由竖管直接供水，其形式类似于固定式喷灌系统。这种系统地面管道少，除草施肥等活动受影响较小，同时对管道的抗老化性要求也较低，特别是快速接头的应用，促进了这类微喷灌系统的推广应用。

微喷灌系统布置的主要任务是确定首部枢纽的设备组成、布设位置和各级管道的走向、分布及连接方式。首部枢纽的布置与滴灌系统相同，除了考虑灌区离水源的距离外，关键是选择合适的过滤设备，对过滤器的要求比滴灌系统低，一般要求60～100目的过滤设备。

1. 支管及毛管布置

一般田间支管、毛管的布置主要根据作物或树木的种植方向、田块大小、地形特点等确定，可供选择的余地不大，在确定布置方案时可与干管的布置相结合，确定其布置形式。对于成龄的矮化密植果树，在确定支管、毛管布置形式时，一定要充分考虑施工的难易程度，否则管道铺设时受树体的限制，给施工带来很多困难，特别是毛管铺设时，因施工人员要不断地穿梭于果树之间，因而设计时应将施工过程作为一个影响因素加以考虑。

2. 干管布置

相对支管、毛管来说，干管和分干管的布置可能采取的方案较多，其布置形式与喷灌、滴灌基本相同，选择时综合分析灌区整体地形情况、轮灌分区情况、首部系统的相对位置等，可选定2～3个比较可行的方案，再通过经济、技术比较分析确定最优方案。

3. 滴头及微喷头的选择

微灌系统灌水器的选择是根据土壤性质、作物种类、种植方式以及投资者的要求进行滴头或微喷头类型的选择。灌水器选择的合理与否，对系统投资与运行费用及其以后灌水效果影响很大，因而灌水器的选择要慎重对待。

（1）滴头的选择

滴灌系统灌水器有管上式滴头和内镶式滴头，有压力补偿式滴头和非压力补偿式滴头，其选择的依据主要是制造质量、地形、作物种类及种植间距、土壤性质等。

A. 制造质量。滴头的制造质量对灌水均匀度影响很大。滴灌系统选择的滴头制造偏差越小，滴头出水越均匀。

B. 地形。地形对滴头选择的影响主要体现在地面坡度会引起同一毛管上不同位置的滴头流量不均匀。当毛管方向坡度变化较大时，应选用压力补偿式滴头。另外，当设计毛管长度较长时，也应选择压力补偿式滴头；当地面坡度变化不大，且设计毛管长度较短时，为减少投资，一般选择非压力补偿式滴头。

C. 作物种类及种植间距。作物种类及种植间距一方面决定滴头类型，另一方面决定滴头的流量。当种植作物为条播密植作物（如条播玉米、温室蔬菜等）时，可选择有固定滴头间距的内镶式滴灌管或滴灌带；而当灌溉对象为栽植不规则的果树或其他作物，一般选择管上式滴头，在安装过程中，根据作物间距确定滴头间距。尤其是山地果园自压滴灌，幼龄树时每树安装 2 个滴头，随果树长大，向外增加滴头数。植株间距及根系分布范围也对滴头间距有所影响，当要求滴头湿润范围较大时可选择大流量滴头，要求湿润范围较小时，可选择小流量滴头。

D. 土壤性质。土壤质地是决定滴头流量的主要因素，砂性土壤垂直入渗快，水平湿润半径较小，应选择大流量滴头。而黏重土壤入渗较慢，侧向渗透距离大，应选择小流量滴头。至于选择多大流量的滴头，还应该根据计划湿润层深度、设计湿润比与土壤入渗速率进行确定。最简单的办法就是设计之前在田间做滴头试验。土壤质地也是决定滴头间距的重要因素。一般砂土要求滴头间距小，黏土滴头间距大。在中等流量（1.5~2.0升/时）的情况下，一般砂土滴头间距在 0.2~0.4 米，壤土在 0.4~0.7 米，黏土在 0.7~1.0 米。

（2）微喷头的选择

常用的微喷头有折射式、旋转式和离心式 3 种类型，目前市场上出售的微喷头样式多，在选择时除了其喷洒特性要满足要求外，同样要注意产品的制造质量，保证灌溉的均匀度。

微喷头的选择主要是根据土壤性质、灌溉作物种类、种植行间距确定微喷头的类型。一般情况下，果树灌溉要求雾化程度不高，喷洒半径依冠幅而定，可选用旋转式微喷头；带状种植的园林绿化带不仅要满足灌溉的要求，还应有一定的美观效果，可选用具有伞形或条带状喷洒图形、射程不大的固定折射式微喷头或离心式微喷头；对于悬挂式微喷系统，一般要求地面全面湿润，为减少支管，节省投资，可选用流量较大，射程远的旋转式微喷头；对空气湿度要求高时，需用雾化程度较高、量小雾化喷头。

对于大田种植的各类作物，选择微喷头还应考虑土壤的质地，以选择的微喷头工作时不产生地表径流为宜，同时尽量采用雾化程度较小的微喷头，否则飘移损失会大大增加。

A. 土壤湿润比。微灌绝大部分为局部灌溉，尤其是滴灌条件下，地表湿润面积相对较小，这样可以减少地面蒸发损失，同时也可减小灌溉水量。如果湿润体积过小，又不利于作物根系的生长。因而确定一个合理的土壤湿润比成为微灌工程设计的重要内容。土壤湿润比，即在微灌条件下，湿润土体体积与计划根层土体的比值。在滴灌条件下，由于点源灌溉所形成的湿润体积小，湿润比的合理与否对作物的影响较大，在微喷灌条件下，由于喷洒范围较大，湿润比对作物的影响相对较小（表6-1）。

表 6-1　不同流量滴头和间距、不同质地的土壤湿润比

毛管间距（米）	土壤湿润比（%）														
	滴头流量1.5升/时			滴头流量2升/时			滴头流量4升/时			滴头流量8升/时			滴头流量12升/时		
	粗	中	细	粗	中	细	粗	中	细	粗	中	细	粗	中	细
0.8	38	88	100	50	100	100	100	100	100	100	100	100	100	100	100
1.0	33	70	100	40	80	100	80	100	100	100	100	100	100	100	100
1.2	25	58	92	33	67	100	67	100	100	100	100	100	100	100	100
1.5	20	47	73	26	53	100	53	80	100	80	100	100	100	100	100
2.0	15	35	55	20	40	80	40	60	80	60	80	100	80	100	100
2.5	12	28	44	16	32	60	32	48	64	48	64	80	64	80	100
3.0	10	23	37	13	26	48	26	40	53	40	53	67	53	67	80
3.5	9	20	31	11	23	40	23	34	46	34	46	57	46	57	68
4.0	8	18	28	10	20	34	20	30	40	30	40	50	40	50	60
4.5	7	16	24	9	18	26	18	26	36	26	36	44	36	44	53
5.0	6	14	22	8	16	24	16	24	32	24	32	40	32	40	48
6.0	5	12	18	7	14	20	14	20	27	20	27	34	27	34	40

　　土壤湿润比的确定主要根据作物种类、土壤特性、滴头流量、灌水量和滴头间距而定。表6-2给出了不同作物的推荐湿润比范围。

表 6-2　微灌设计土壤湿润比

作物	土壤湿润比（%）	
	滴灌	微喷灌
果树	25～40	40～60
葡萄、瓜类	30～50	30～50
蔬菜	60～90	70～100
粮棉油等作物	60～90	100

　　B. 灌水均匀度。所有灌溉方式都要求灌水具有较高的均匀度，均匀度越高，则灌水质量越好，可保证灌区内作物生长一致，缩短灌水时间，提高水的利用率。

在微灌系统中，影响灌水均匀度的因素很多，如灌水器的制造偏差、系统工作压力的变化、堵塞情况、微地形差异等。安装滴灌前，可对所选用的内置滴灌管或外置滴头检测均匀度。将滴灌管（或毛管安装外置滴头）接上有压水源，调整压力至滴头的工作压力。用容器接滴头 3~4 分钟的流量，用量筒测量体积，折算为每小时的流量。一般随机测定 20~30 个滴头的流量。计算最大和最小流量的差。如大于10%表示滴头流量不均匀。安装完成后，可以在田间多点测流量（如管头管尾、靠近泵房与远离泵房位置、地形高与地形低的位置），比较流量的差异，如差异大于10%表示出水不均匀。

C. 滴灌管的铺设长度。确定了滴灌均匀度的要求后，要了解毛管的最大铺设长度。超过这个长度，会造成尾端出水量少。灌溉地为平坦地形时，只要根据选定的滴头类型、滴头流量和滴头间距以及毛管直径与入口压力等参数，即可从滴头生产厂商提供的表格中查取毛管最大铺设长度，小于或等于该长度的毛管布置长度都满足灌溉均匀要求。表 6-3 列出了工作压力为 12 米（0.12 兆帕）水压时，田间灌水均匀度达 90%时，各种规格的滴灌管的铺设长度。

表 6-3 在平坦地面上的最大滴灌管铺设长度

滴头流量（升/时）	外径（毫米）	内径（毫米）	最大滴灌管铺设长度（米）								
			滴头之间的间距（米）								
			0.15	0.20	0.30	0.40	0.50	0.60	0.70	0.80	1.00
0.9	12	10.4	50	66	84	111	139	166	194	178	222
1.0	12	10.4	45	60	76	101	126	151	176	162	202
2.1	12	10.4	31	42	64	74	80	95	111	128	159
2.2	12	10.4	30	40	61	71	76	91	106	122	152
2.9	12	10.4	24	31	48	63	79	88	99	110	131
3.0	12	10.4	23	30	46	61	76	85	96	106	127
1.6	16	13.8	54	67	94	117	139	157	180	202	233
1.8	16	13.8	53	70	91	121	151	151	176	192	225
2.0	16	13.8	54	68	95	117	139	160	176	202	152
2.1	16	13.8	52	66	91	113	134	152	176	202	147
2.2	16	13.8	52	66	91	113	134	152	174	187	227
3.9	16	13.8	34	43	61	80	96	109	113	124	152
9.5	16	13.8	20	26	36	47	56	64	72	76	102
10.7	16	13.8	19	24	33	41	49	56	62	69	80
2.2	20	17.6	79	100	137	169	199	226	253	278	322

（续表）

滴头流量（升/时）	外径（毫米）	内径（毫米）	最大滴灌管铺设长度（米）								
			滴头之间的间距（米）								
			0.15	0.20	0.30	0.40	0.50	0.60	0.70	0.80	1.00
2.3	20	17.6	78	100	136	173	201	232	250	282	327
2.5	20	17.6	76	95	131	163	193	218	243	266	317
2.6	20	17.6	72	91	125	155	184	208	232	254	302
2.8	20	17.6	70	88	121	149	176	199	222	246	287
3.0	20	17.6	68	86	119	147	174	197	221	242	282
3.1	20	17.6	65	81	112	139	164	187	211	226	267
3.2	20	17.6	63	79	109	135	159	181	201	222	257
4.7	20	17.6	50	62	86	107	126	145	159	174	202

对压力补偿型滴灌管，其铺设长度与滴灌管入口压力有关。在压力补偿范围内，入口压力越大，铺设长度越长。表6-4比较了不同压力下的滴灌管铺设长度。滴灌管的铺设长度还与流量偏差要求有关。流量偏差越大，铺设长度越长（表6-5）。

表6-4　平坦地形下不同压力滴灌管最大铺设长度（北京绿源塑料联合公司）

滴头规格（升/时）	滴头间距（米）	最大铺设长度（米）											
		12毫米滴灌管外径						16毫米滴灌管外径					
		滴灌管进口压力（米水压）						滴灌管进口压力（米水压）					
		10	14	18	22	26	30	10	14	18	22	26	30
2.3	0.50	34	49	59	66	71	76	86	127	152	170	185	196
	0.75	47	70	83	94	101	108	117	173	208	234	254	270
	1.00	61	89	106	120	129	137	145	215	258	291	316	336
	1.25	72	106	127	143	155	165	172	253	303	342	372	395
3.75	0.50	25	36	43	47	50	53	63	92	110	122	131	139
	0.75	34	50	61	66	72	76	85	126	151	168	181	192
	1.00	44	64	77	85	92	97	106	157	189	209	225	239
	1.25	52	77	92	102	119	117	125	184	221	246	265	281

表 6-5 入口压力为 10 米时平地最大铺设长度

流量偏差率	最大铺设长度（米）							
	滴头间距（米）							
	0.30	0.40	0.50	0.60	0.75	1.00	1.25	1.50
±5%	71	87	101	114	132	160	185	208
±7.5%	80	97	113	127	148	179	207	232
±10%	89	108	126	142	165	200	231	258

如果灌溉地有一定坡度，则必须将地势高差引起的管内压力变化考虑进去，当地形坡度一致时，可使用供应商所提供的毛管水头损失曲线来设计。其方法是将选定的滴头类型、流量和毛管直径相对应的曲线描在透明纸上，然后将其放在已画好地形坡度的坐标纸上，找出最小压力和最大压力值点，校核是否超出该补偿式灌水器的工作范围，如未超出即可满足要求。如已超出，需减小毛管长度，直到满足要求为止。

对于非均匀坡地也可采用这种方法来校核，只是工作量较大，需要对典型坡度逐一进行校核，以免出现误漏，影响滴灌的灌水质量。

4. 首部其他设备的选择

（1）过滤器

过滤器是微灌系统中不可缺少的设备，选择时主要考虑水质和经济两个因素。筛网过滤器是最普遍使用的过滤器，但含有机污物较多的水源使用介质过滤器能得到更好的过滤效果。含沙量大的水源采用旋流式水沙分离器，且必须与筛网过滤器配合使用。筛网的网孔尺寸或介质过滤器的滤沙应满足灌水器对水质过滤的要求。在布置上必须把易锈金属件和肥料（农药）注入设备放在过滤装置上游，确保过滤后水流的水质。过滤器设计水头损失一般为 3～5 米，具体水头损失值应向厂商索取。过滤器运行一段时间后会由于部分堵塞导致水头损失增大，因而设计时过滤器的水头损失取值应较厂商提供的数值稍大一些。灌溉面积大、水质差、劳力成本高的地区，应选用自动冲洗的过滤器。

（2）水表

水表的选择要考虑水头损失值在可接受的范围内，并配置于肥料注入口的上游，防止肥料对水表的腐蚀。在不按水量收费的地区，建议不要安装水表，以免造成压力损失。

（3）压力表

压力表是微灌系统中一个结构简单而作用大的设备，它是整个微灌系统的一个窗口，系统运行是否正常，基本上都可以通过压力表所显示的压力值进行判断，压力过大或过小，都说明系统存在问题，应及时检查维修。压力表可以监测水泵是否在正常工作状态。在过滤器的前后安装压力表，可以根据压差大小确定过滤器是否需要清洗。由此可见，压力表在微灌系统中担负着故障监测的任务，在选用时不得大意，应选择反应灵敏，安全可靠的优质产品，其测量范围要比系统实际水头略大，以提高测量精度。规模较大的微灌系统中，在田间关键部位也应设置压力表，以便于管理。

（4）进排气阀与排水阀

进排气阀也是微灌系统安全运行所必不可少的设备，一般设置在微灌系统管网的高处或局部高处。其作用为在系统开启充水时排除空气，系统关闭时向管网补气，以防止负压产生。系统运行时排除水中夹带的空气，以免形成气阻。

排气阀的选用，目前可按"四比一"法进行，即进排气阀全开直径不小于管道内径的1/4。如110毫米内径的管道上应安装内径为25毫米的进排气阀。

另外在干、支管末端和管道最低位置宜安装排水阀，以便冲洗管道和排净管内积水。特别是在北方地区，秋季灌完水后必须排净系统内部全部积水，防止冬天水管冻裂。

（5）电控箱或电控柜

正式的泵房应安装电控箱。电控箱内有电压表、电流表、过载及缺相开关、液位指示灯等。特别是一些地区电力不足，或多台水泵同时工作，导致水泵低压运行。安装电控箱后可以保护水泵免被烧坏。采用井水或蓄水池作水源时，安装液位开关，可以防止抽干水后水泵空转。

（6）自动控制设备

灌溉面积大，轮灌区多，建议安装自动控制设备。如果在田间人工控制各灌水区的阀门，需要人工多，轮灌区间切换不连续。

微灌系统自动化控制设备主要有中央控制器、自动阀、传感器、气候、土壤及作物监测设备等。自动控制系统可根据实际需要选用不同的功能，如最简单的田间灌溉控制系统由中央控制器、电磁阀及地埋信号线组成，使用时管理员只需向中央控制器输入灌溉程序，灌溉系统就会按程序要求按时、按顺序完成灌溉任务，电磁阀也会按程序设定自动打开。中央控制器可控制8～120个电磁阀，可以满足大部分灌区的自动灌溉要求。比较复杂的自动灌溉系统功能更加齐全，可根据土壤水分、降水、空气湿度、温度等条件自动确定是否需要启动相应功能，几乎所有功能都是根据条件自动启动。当然自动化控制系统会大大增加系统投资，选用时应根据实际需求进行相应功能的选取。

除此以外，水泵的变频调速技术与自动化控制设备相结合，会使微灌溉系统的操作管理更简单、更方便。特别在轮灌区面积大小不均时，用变频调速技术更为必要。

三、灌溉系统的常见问题

1. 喷洒不均匀

喷洒不均匀往往会造成作物生长不一致，产量减少，同时造成水的浪费。喷洒不均匀与喷头的质量、工作压力、喷头间距等有关。

2. 喷灌强度不合适

喷灌的设计喷灌强度不得大于土壤的允许喷灌强度。对于行走式喷灌系统的喷灌强度可以略大于土壤的允许喷灌强度，但不得出现地面径流。对于固定式喷灌系统，不同质地土壤的允许喷灌强度可按表6-6确定。

表6-6　不同质地土壤的允许喷灌强度

土壤质地	允许喷灌强度（毫米/时）
砂土	20
砂壤土	15
壤土	12
壤黏土	10
黏土	8

注：本表引自《喷灌工程技术规范》（GB/T 50085—2007）。

3. 雾化程度不够

喷灌要保持适宜的雾化程度。雾化程度过小会造成土壤板结，损伤作物，雾化程度过大，不仅浪费能源，而且因喷洒出来的水滴细小，易被风吹散，加大飘移蒸发损失。因此，应根据作物种类，以不损伤作物为度，选用具有适宜雾化指标的喷头，设计雾化指标应符合表6-7。

表 6-7　各种作物适宜的雾化指标

作物种类	雾化指标值
蔬菜及花卉	4 000～5 000
粮食作物、经济作物及果树	3 000～4 000
牧草、饲料作物、草坪及绿化林木	2 000～3 000

注：本表引自《喷灌工程技术规范》（GB/T 50085—2007）。

4. 输水管径太小

有些喷灌系统为节省投资，输水管采用小管径。管径太小，沿程水头损失大，末端压力不足，导致喷水不均匀。长期运行，也消耗能源。

5. 喷头间距不合理

布置喷头间距应充分考虑喷洒半径、风速和水压的影响，不要单纯考虑节省喷头数量。喷头间距过长，出现喷洒不均匀甚至漏喷，是导致喷灌失败的最常见因素之一。

第二节　水肥一体化系统工程设计与施工

一、工程设计思路与依据

（一）水肥一体化系统设计思路

结合基地提供的信息，整体规划设计，根据基地规划安排的管道走向和阀门位置等，在满足灌溉的同时，还要提高管理的方便性和灵活性。

本次设计根据园区地形、作物需水特点、灌溉方式和经济合理等要素综合考虑，将园区分区，从而提高基地管理的便捷性。

以经济合理为中心，以分散供水为指导，在系统处于工作状态时，尽量使各级支干中均有水体流动，以减小各级管道管径，从而降低系统总造价。

设计尽量减少管道过路，从而降低施工难度、减少成本。

果园灌溉方式采用滴灌，每行铺设一条环形滴灌管。

轮灌区设总阀门分片区控制，每条滴灌支管上安装小阀门来控制一条滴头的开关，每座温室设手动小阀门，增加控制的灵活性。

根据作物需水量 3 毫米/天，以 5 天为一个轮灌周期进行灌溉。

（二）设计依据

《节水灌溉工程技术规范》（GB/T 50363—2018）

《喷灌工程技术规范》（GB/T 50085—2007）

《微灌工程技术标准》（GB/T 50485—2020）

《管道输水灌溉工程技术规范》（GB/T 20203—2017）

《泵站设计规范》（GB 50265—2022）

《泵站计算机监控与信息系统技术导则》（SL 583—2012）

《土壤墒情监测规范》（SL 364—2006）

《节水灌溉技术标准选编》

二、水肥一体化系统施工

（一）系统施工前期准备

1. 技术准备工作

1）选定项目部负责人，组建强有力的项目部，并落实参与本项目施工的人员。

2）认真审阅施工图纸，参加设计交底和图纸会审。

3）复测控制桩并制定测量方案。

4）组织工程技术人员熟悉施工图纸，编制详细的施工方案，进行技术、安全、防火培训，做好技术、安全交底，安排好有关的试验工作。

2. 施工准备工作

1）全面检修进场施工的机械设备，以保证施工前设备运转正常。

2）编制施工计划，安排施工顺序，协调各工序及各专业间的配合工作。

3）落实相应的专业施工队伍，并进行岗前培训和教育。

4）做好材料、成品、半成品和工艺设备等的计划，并按照计划安排工作，使之满足连续施工的要求。

3. 现场准备工作

1）进行实地测量。

2）确定施工范围，设置施工围蔽，并在围蔽区内按拟定的施工方案组织施工人员。

3）认真熟悉现场的地理位置、工地条件、供水供电状况及出入口位置，认真布置储存物料和施工用的工作场地，做好施工现场"三通"，架设动力和照明线路，接通施工用水管路，确定材料、设备和土方运输线路，使之满足现场施工的要求。

4）组织工程机械设备和材料进场。

（二）施工总体部署

1. 施工布置原则

根据现场的实际情况，结合工程量的分布及工期要求、施工程序进行科学合理的施工，总平面布置及管理能够有效地提高生产效率，同时避免重复运输等影响工程进度的情况出现。

施工平面布置以满足施工需要且符合创建文明施工为前提，充分利用现有对外交通等自然条件，综合考虑主体工程规模、施工方案、工期、造价等因素，按照招标文件要求和《水利水电工程施工组织设计规范》（SL 303—2017）标准，因地制宜、因时制宜、利于生产、方便生活、快速安全、经济可靠。场地布置既要便于施工，又不能影响施工区现有设施，根据工程的施工特点及要求，充分利用现场条件以减少临时占地。

（1）施工临时设施布置

施工临时布置主要包括项目部、施工道路、施工供水、施工供电、生产区、管理及生活区、机修厂、施工仓库等。

● 生产生活营地的位置及布置

生产生活营地的位置布置在施工地附近。

● 施工生产、生活用水及用电

施工供水可到附近村庄取水，以备施工生产、生活的要求。

施工用电采用网电和自备柴油发电机供电，并架设必要的线路以满足生活和施工要求。为了保证用电安全，主要电源开关全部采用空气开关，并配备触电保护装置。低压线至用电机械处用橡胶电缆连接。

● 对外交通条件

利用公路尽可能直达施工现场附近，在公路到达不了的工区修建宽3～5米的临时进场施工道路以便施工。

● 场内施工道路

场地地质条件是否可以满足施工要求，施工时可采用机动翻斗车及自卸汽车进行场内运输。

- 通信

利用当地中国移动或中国联通的无线通信网络，使用手机作为联系的主要途径，此外场内设置对讲机要保证能正常使用。

- 保安和消防设施

按照消防要求在各办公区和生活区设置数量足够的消防设施，包括灭火器和消防水池等，消防水池采用砖砌池身，保持经常蓄满水。每个生产、办公区采用铁栏围蔽，出入口设置门卫。

（2）施工临时排水

在施工中，要及时排水，为防止雨水蓄积等必须挖好截水沟、排水沟将积水排出，特别是在施工场地、施工道路和临时便道，更要做好排水，以防遇水泥泞，影响施工。

在场地开挖过程中，要做好临时性地面排水工作，保持必要的地面排水坡度，设置临时坑槽、使用潜水泵等设备排出积水，开挖排水沟排走雨水和地面积水。

2. 管理的主要技术措施

工程的技术措施包括施工组织、图纸会审、施工方案编制、技术交底、技术检查、技术革新、拟定各项技术措施、实施各种技术规程和进行技术培训等。加强技术管理，确保工程的质量和进度，并在工程中落实"四新"技术的推广应用。具体技术管理措施如下。

一是建立健全的技术管理制度，包括技术责任制度、图纸会审制度、技术交底制度、方案复核审批制度、测量制度、施工日志填写制度和工程技术档案制度。

二是对于施工重点难点，组织有关技术人员进行技术攻关，编写先进的、合理的施工方案，确保施工安全优质进行。

三是制定奖励制度，鼓励施工人员对施工方案及措施提出合理化建议，对经过实践证明确实可以提前工期、保证质量、降低工程成本的可行性建议给予奖励。

3. 施工协调配合措施

成立交叉作业协调小组，项目部由各专业公司工程师组成，在现场同一地点办公，共同制定施工顺序配合表，明确哪个工序在先、哪个工序在后，后一工序何时开始插入，项目部安排专业工程师，专门现场跟踪专业协调工作。

项目部在给下属各班组的施工交底文件中，要用特别书面注明本工程与其他专业工程中交叉作业时的配合关系，如哪些地方必须为别的工种提供条件，哪些地方必须与别的工种协调同步作业，哪些地方须经本工种同意或准备好以后才允许别的工种开始作业等，都要用书面交代清楚，按明确的顺序实施推进交叉作业协调小组所订的策略。

确定好职责分工，通过合同和书面承诺文件对施工队伍在工序交接、相互协调和成品保护等方面进行管理，并按以下原则进行：①施工前，各专业对交叉施工的地方，应进行图纸上的会审，做一张总图，注明各专业物品的位置、标高、尺寸等，如有矛盾处，请设计协调解决；②各专业在施工中需要对方的配合时，应明确配合与完成时间，双方本着互利的原则，互相配合，共同为工程服务；③各种封闭项目在封板前，必须在各专业与工种做好自己专业的隐蔽检查，做好记录并合格后方可进行封板；④教育工人爱惜各专业与工种的劳动产品，做好成品保护工作。

4. 工程管理的总体目标

（1）质量目标

严格按照 ISO9001 质量管理体系标准组织施工，严格执行招标文件中指明的有关技术标准和施工规范、规程及国家制定的强制性的施工规范和规程，保证工程质量等级达到合格标准。

（2）安全生产与文明施工目标

做到"四无、一杜绝、一达标"，即无工伤死亡事故，无重大机械事故，无交通死亡事故，无火灾和洪灾事故，杜绝重伤事故，安全生产达标。严格按照国家和行业有关的安全法律法规以及业主对安全生产与文明施工的要求进行施工，创安全、文明施工标准化工地。

（3）环保目标

严格按照 ISO14000 安全、健康、环境保护一体化体系标准组织施工，达到国家对工程建设的环保要求。

第三节　水肥一体化系统工程施工与安装

一、PE 管道工程

（一）管线定位及布置

对管道工程经过的路线进行测量、定位，管线测量主要包括定线测量、水准测量和直接丈量，在定线前，于管沟经过路线的所有障碍物都要清除，并准备小木桩与石灰，依测定的路线定线、放样，以便于管沟的挖掘。

（二）管沟挖掘

管沟的挖掘断面，如宽度、深度。

管沟的挖掘，须依照管线设计线路正直平整施工，不得任意偏斜曲折，而管线如必须弯曲时，其弯曲角度应按照管子每一承口允许弯折的角度进行。一般为2°以内。

管沟挖掘，应视土壤性质，做适当的斜坡，以防止崩塌及发生危险，如在规定的深度，发现砾石层或坚硬物体时，须加挖深度10厘米，以便于配管前的填砂，再行放置 PE 管。

土质较松软之处，应酌情安装挡土设施，以防崩塌，管底必须夯实。管沟中如有积水，应予排干，方可放管。

PE 管道与相邻管道间的水平距离，不宜小于施工及维护要求的开槽宽度，以及设置阀门井等附属构筑物要求的宽度。与热力管等高温管道、高压燃气管等有毒气体管道间的距离不小于1.5米。与其他埋设物交叉或接近时至少应保持20厘米的间距，以利施工。

挖土堆置。管沟挖出的土方，可堆置管沟两旁，但不得妨碍交通。如在耕地内施工，其堆置度应力求缩小，以减少农作物损失。

（三）PE 管道工程做法

1. 管道连接
管道连接分为电熔连接和热熔连接。

2. 安装的一般规定
管道连接前，应对管材和管件及附属设备按设计要求进行核对，并应在施工现场进行外观检查，符合要求方可使用。主要检查项目包括耐压等级、外表面质量、配合质量、材质的一致性等。

应根据不同的接口形式采用相应的专用加热工具，不得使用明火加热管材和管件。

采用熔接方式相连的管道，宜采用同种牌号材质的管材和管件，对于性能相似的必须先经过试验，合格后方可进行。

大风环境条件下进行连接时，应采取保护措施或调整连接。

管材和管件应在施工现场放置一定的时间后再连接，以使管材和管件温度一致。

管道连接时管端应洁净，每次收工时管口应临时封堵，防止杂物进入管内。

管道连接后应进行外观检查，不合格者马上返工。

3. 电熔连接

先将电熔管件套在管材上，然后用专用焊机按设定的参数（时间、电压等）给电熔管件通电，使内嵌电热丝的电熔管件的内表面及管子插入端的外表面熔化，冷却后管材和管件即熔合在一起。其特点是连接方便迅速、接头质量好、外界因素干扰小，但电熔管件的价格是普通管件的几倍至几十倍（口径越小相差越大），一般适合于大口径管道的连接。

（1）电熔承插连接的程序（过程）

连接流程为：检查→切管→清洁接头部位→管件套入管子→校正→通电熔接→冷却。

切管：管材的连接端要求切割垂直，以保证有足够的熔融区。常用的切割工具有旋转切刀、弓锯、塑料管剪刀等；切割时不允许产生高温，以免引起管端变形。

清洁接头部位并标出插入深度线：用细砂纸、刮刀等刮除管材表面的氧化层，用干净棉布擦除管材和管件连接面上的污物；标出插入深度线。

管件套入管子：将电熔管件套入管子至规定的深度，将焊机与管件连接好。

校正：调整管材或管件的位置，使管材和管件在同一轴线，防止偏心造成接头熔接不牢固，气密性不好。

通电熔接：通电加热的时间、电压应符合电熔焊机和电熔件生产厂的规定，以保证在最佳供给电压、最佳加热时间下获得最佳的熔接接头。

冷却：由于 PE 管接头只有在全部冷却到常温后才能达到其最大耐压强度，冷却期间其他外力会使管材、管件不能保持同一轴线，从而影响熔接质量，因此，冷却期间不得移动被连接件或在连接处施加外力。

（2）电熔鞍形连接

适用于在干管上连接支管或维修因管子小面积破裂造成漏水等场合。连接流程为：清洁连接部位→固定管件→通电熔接→冷却。

用细砂纸、刮刀等刮除连接部位管材表面的氧化层，用干净棉布擦除管材和管件连接面上的污物。

固定管件：连接前，干管连接部位应用托架支撑固定，并将管件固定好，保证连接面能完全吻合。通电熔接和冷却过程与承插熔接相同。

4. 热熔连接

（1）热熔承插连接

将管材外表面和管件内表面同时无旋转地插入熔接器的模头中加热数秒，然后迅速撤去熔接器，把已加热的管子快速地垂直插入管件，保压、冷却的连接过程。一般用于4英寸以下小口径塑料管道的连接。连接流程为：检查→切管→清理接头部位及划线→加热→撤熔接器→找正→管件套入管子并校正→保压、冷却。

检查、切管、清理接头部位及划线的要求和操作方法与UPE管粘接类似，但要求管材外径大于管件内径，以保证熔接后形成合适的凸缘。

加热：将管材外表面和管件内表面同时无旋转地插入熔接器的模头中（已预热到设定温度）加热数秒，加热温度为260℃，加热时间见有关规范规定。

插接：管材管件加热到规定的时间后，迅速从熔接器的模头中拔出并撤去熔接器，快速找正方向，将管件套入管端至划线位，套入过程中若发现歪斜应及时校正。找正和校正可利用管材上所印的线条和管件两端面上呈十字形的四条刻线作为参考。

保压、冷却：冷却过程中，不得移动管材或管件，完全冷却后才可进行下一个接头的连接操作。

（2）热熔鞍形连接

将管材连接部位外表面和鞍形管件内表面加热熔化，然后把鞍形管件压到管材上，保压、冷却到环境温度的连接过程。一般用于管道接支管的连接。连接流程为：管子支撑→清理连接部位及划线→加热→撤熔接器→找正→鞍形管件压向管子并校正→保压、冷却。

连接前应将干管连接部位的管段下部用托架支撑、固定。

用刮刀、细砂纸、洁净的棉布等清理管材连接部位氧化、污物等影响熔接质量的物质，并做好连接标记线。

用鞍形熔接工具（已预热到设定温度）加热管材外表面和管件内表面，加热完毕迅速撤除熔接器，找正位置后将鞍形管件用力压向管材连接部位，使之形成均匀凸缘，保持适当的压力直到连接部位冷却至环境温度为止。鞍形管件压向管材的瞬间，若发现歪斜应及时校正。

（3）热熔对接连接

与管轴线垂直的两管子对应端面与加热板接触使之加热熔化，撤去加热板后，迅速将熔化端压紧，并保压至接头冷却，从而连接管子。这种连接方式无需管件，连接时必须使用对接焊机。连接流程为：装夹管子→铣削连接面→加热端面→撤加热板→对接→保压、冷却。

将待连接的两管子分别装夹在对接焊机的两侧夹具上，管子端面应伸出夹具20～30毫米，并调整两管子使其在同一轴线上，管口错边不宜大于管壁厚度的10%。

用专用铣刀同时铣削两端面，使其与管轴线垂直、两端连接面相吻合；铣削后用刷子、棉布等工具清除管子内外的碎屑及污物。

当加热板的温度达到设定温度后，将加热板插入两端面间同时加热熔化两端面，加热温度和加热时间按对接工具生产厂或管生产厂的规定，加热完毕快速撤出加热板，接着操纵对接焊机使其中一根管子移动至两端面完全接触并形成均匀凸缘，保持适当压力直到连接部位冷却到室温为止。

（四）管道的清洁与试验

管道安装完毕后，按设计要求对管道系统进行强度和严密性试验，检查管道及各连接部件的工程安装质量。生产管线及给水管道用水作介质进行强度及严密性试验。无压管道进行灌水（闭水）试验以测定渗水量，环境温度低于5℃时不能做水压试验。

试验前，不能参与试验的系统、设备、仪表及管道附件拆除或加以隔离，绘制试验范围的系统图，注明盲板、试压用压力表、进水（气）管、切断阀门及试压泵位置。试验前的准备工作如下。

1. 后背安装

根据总顶力的大小，预留一段沟槽不挖，作为后背（土质较差或低洼地段可作人工后背）。后背墙支撑面积，应根据土质和试验压力而定，一般土质可按承压15吨/米² 考虑。后背墙面应与管道中心线垂直，紧靠后背墙横放一排枋木，后背与枋木之间不得有空隙，如有空隙则要用砂子填实。在横木之前，立放3～4根较大的枋木或顶铁，然后用千斤顶支撑牢固。试压用的千斤顶必须支稳、支正、顶实，以防偏心受压发生事故。试压时如发现后背有明显走动，应立即降压进行检修，严禁带压检修。管道试压前除支顶外，还应在每根管子中部两侧用土回填1/2管径以上，并在弯头和分支线的三通处设支墩，以防试压时管子位移而发生事故。

2. 排气、清洗

在管道纵断面上，凡是高点均应设排气门，以便灌水时适应排气的要求。两端管堵应有上下两孔，上孔用以排气及试压时安装压力表，下孔则用以进水和排水。

排气工作很重要，如果排气不良，既不安全，也不易保证试压效果。必须注意使用的高压泵，其安装位置绝对不可以设在管堵的正前方，以防发生事故。

打开枢纽总控制阀和待冲洗的阀门，关闭其他阀门，然后开启主管、支管进行冲洗，直到管末端出水清洁为止。

打开一个轮灌组分干管进口和末端阀门，关闭干管阀门进行支管冲洗，直到末端出水清洁为止。

打开该轮灌给支管进口和末端阀门，关闭该轮灌组分干管进行支管冲洗，直到末端出水清洁为止。然后进行下一个轮灌组的冲洗，在冲洗过程中，必须遵循先开后关的原则进行冲洗，避免压力过高，冲洗过程中随时检查管道情况，并做好冲洗记录。

进行水压试验，因此系统只能在主管、干管中进行水压试验，试压的水压力不小于系统工作压力的 1.25 倍，并保持 10 秒，随时观察管道及附属件的无渗、漏、破等现象，做好记录并及时处理，直到合格为止，整个升压过程应缓慢控制。

试验过程中升压速度应缓慢，分级试压，设专人巡视和检查试验范围的管道情况。

试验用压力表必须是经校验合格的压力表，量程必须大于试验压力的 1.5 倍以上。压力表数量设两块。

试验合格后，试验介质根据现场实际情况排放干净。

试验完成后拆除试验用盲板及临时管线，核对试压过程中的记录，并认真仔细填写《管道系统试验记录》交给有关人员认可。

管道系统强度试验合格后，分系统对管线进行清洗。

二、机电设备及安装工程

(一) 控制柜安装

在安装电气控制柜过程中，若安装在震动场所，应按设计要求采取防震动措施。施工过程中电气控制柜中的所有设备要求接地良好，使用短和粗的接地线连接到公共接地点或接地母排上，PLC 的接地要采用第三种接地方式，最好是专用接地，也可以共用接地，但是绝对不能采用公共接地。电气闭锁动作应准确、可靠。二次回路辅助开关的切换接点应动作准确，接触可靠。电机电缆应与其他控制电缆分开走线，其最小距离为 50 厘米。如果控制电缆和电源电缆交叉，应尽可能使它们按 90° 交叉。

在施工过程中，要根据电气控制柜的特点和要求先分别进行调试，最后再做联机统调，使电气控制柜整个系统的功能、性能都达到设计和使用要求。电气控制柜安装与接线要按图施工，图纸包括电气原理图、安装布置图和电气接线图。施工工艺要符合技术要求，认真、细致、规范以保证电气控制柜的质量。电气控制柜的系统调试要依照由简单到复杂、由局部到整体的原则分阶段依次进行空操作（主电路不通电）、空载试验（电动机不带机械负载）和负载调试，逐步完成系统调试任务。

例如，恒压供水电气控制柜上装有 PLC、变频器和传统低压电器，分别组成 PLC 控制系统、变频器控制系统和继电器接触器控制系统，3 个分系统要根据它们各自的特点和要求先分别进行调试，最后再做联机统调，使电气控制柜整个系统的功能、性能都达到设计和使用要求，让用户满意。

（二）阀门安装

闸阀、排气阀安装前应检查填料，其压盖、螺栓需有足够的调节余量，操作机械和转动装置应进行必要的调整，使之动作灵活，指示准确，并按设计要求核对无误，清理干净，不存杂物。闸阀安装保持水平，大口径密封垫片，需拼接时采用迷宫形式，不得采用斜口搭接或平口对接。

法兰盘密封面及密封垫片，应进行外观检查，不得有影响密封性能的缺陷存在。法兰盘端面应保持平整，两法兰之间的间隙误差不应大于 2 毫米，不得用强紧螺栓方法消除歪斜。法兰盘连接要保持同轴，螺栓孔中心偏差不超过孔径的 5%，并保证螺栓的自由出入。螺栓应使用相同的规格，安装方向一致，螺栓应对称紧固，紧固好的螺栓应露出螺母之外 2~3 扣。严禁采用先拧紧法兰螺栓、再焊接法兰盘焊口的方法。安装阀门的质量直接影响后期使用，必须认真操作。

1. 方向和位置

许多阀门具有方向性，如截止阀、节流阀、减压阀、止回阀等，如果装倒装反，就会影响使用效果与寿命（如节流阀），或者根本不起作用（如减压阀），甚至造成危险（如止回阀）。一般阀门，在阀体上有方向标志；万一没有，应根据阀门工作原理正确识别。截止阀的阀腔左右不对称，流体要让其由下而上通过阀口，这样流体阻力小（由形状所决定），开启省力（因介质压力向上），关闭后介质不压填料，便于检修，这就是截止阀为什么不可装反的道理。其他阀门也有各自的特性。

阀门安装位置必须方便操作，即使安装时困难些，也要为操作人员的长期工作着想。最好阀门手轮与胸口取齐（一般离操作地坪 1.2 米），这样，开闭阀门比较省劲。落地阀门手轮要朝上，不要倾斜，以免操作不顺手。靠近墙体、机器、设备的阀门，也要留出操作人员站立的余地。要避免仰天操作，尤其是酸碱、有毒介质等，否则很不安全。

闸门不要倒装（即手轮向下），否则会使介质长期留存在阀盖间，容易腐蚀阀杆，而且为某些工艺要求所禁忌，同时更换填料极不方便。明杆闸阀不要安装在地下，否则会因潮湿而腐蚀外露的阀杆。升降式止回阀，安装时要保证其阀瓣垂直，以便升降灵活。旋启式止回阀，安装时要保证其销轴水平，以便旋启灵活。

2. 施工作业

安装施工必须小心，切忌撞击脆性材料制作的阀门。安装前，应将阀门一一检查，核对规格型号，鉴定有无损坏，尤其对于阀杆。还要转动几下，看是否歪斜，因为运输过程中，最易撞歪阀杆。清除阀腔内的杂物，清理阀门所连接的管路，可用压缩空气吹去铁屑、泥沙、焊渣和其他杂物。这些杂物，不但容易擦伤阀门密封面，其中大颗粒杂物（如焊渣），还能堵死小阀门，使其失效。

安装螺口阀门时，应将密封填料（线麻加铅油或聚四氟乙烯生料带），包在管子螺纹上，不要弄到阀门里，以免阀腔内存积，影响介质流通。安装法兰阀门时，要注意对称均匀地把紧螺栓。阀门法兰与管子法兰必须平行，间隙合理，以免阀门产生过大压力，甚至开裂。对于脆性材料和强度不高的阀门，尤其要注意。须与管子焊接的阀门，应先点焊，再将关闭件全开，然后焊死。

3. 保护措施

有些阀门还须有外部保护，这就是保温和保冷。保温层内有时还要加伴热蒸汽管线。什么样的阀门应该保温或保冷，要根据生产要求而定。原则上说，如果阀腔内介质降低温度过多，会影响生产效率或冻坏阀门，就需要保温甚至伴热；如果阀门裸露、对生产不利或引起结霜等不良现象时，就需要保冷。保温材料有石棉、矿渣棉、玻璃棉、珍珠岩、硅藻土、蛭石等；保冷材料有软木、珍珠岩、泡沫、塑料等。

4. 旁路和仪表

有的阀门除了必要的保护设施外，还要有旁路和仪表。安装旁路便于疏水阀检修。其他阀门也有安装旁路的。是否安装旁路，要视阀门状况、重要性和生产上的要求而定。

直径大于 65 毫米的塑料管道与阀门连接时，宜采用法兰连接。聚氯乙烯管材可用配套塑料法兰接头先与管材黏合并达到一定强度后，再与金属阀门连接。聚乙烯管材则应自制法兰连接管。自制的法兰连接管外径要大于塑料管内径 2~3 毫米，长度不小于 2 倍管径，一端加工成倒齿状，另一端牢固焊接在法兰一侧。然后将塑料管端加热后及时套在带倒齿的接头上，并用管箍上紧。直径小于 65 毫米的管道可用螺纹连接，并装活接头。阀门要安装在底座上，底座高度以 10~15 厘米为宜。截止阀与逆止阀要按流向标志安装，不得反向。塑料阀门安装用力应均匀，不得敲碰。

5. 旁通安装

安装前应检查旁通管外形，清除管口飞边、毛刺，抽样量测插管内外径，符合质量要求可安装。

（三）土壤传感器安装

1. 土壤温度湿度电导率传感器

土壤温度、湿度一体传感器性能稳定、灵敏度高，是观测和研究盐渍土的发生、演变、改良及水盐动态的重要工具。通过测量土壤的介电常数，能直接稳定地反映各种土壤的真实水分含量。

由于电极直接测定土壤中的可溶盐离子的电导率，因此土壤体积含水率需高于20%时土壤中的可溶离子才能正确反映土壤的电导率。长期观测，灌溉或降水后的测量值更接近真实水平。如果进行速测，可先在被测土壤处浇水，待水分充分渗透后进行测量。

（1）快速测量法

选定合适的测量地点，避开石块，确保电极不会碰到石块之类的坚硬物体，按照所需测量深度刨开表层土，保持下面土壤原有的松紧程度，握紧传感器垂直插入土壤，插入时不可前后左右晃动，确保与土壤紧密接触。一个测点的小范围内建议测量多次取平均值。

（2）埋地测量法

根据测量需要的深度，垂直挖直径大于 20 厘米的坑，然后在既定深度将传感器钢针水平插入坑壁，将坑填埋压实，确保电极与土壤紧密接触。稳定一段时间后，即可进行连续数天、数月乃至更长时间的测量和记录。

如果在较坚硬的地表测量时，应先钻孔（孔径应大于探针直径），再插入土壤中并将土压实然后测量；传感器应防止剧烈振动和冲击，更不能用硬物敲击。由于传感器为黑色封装，在强烈阳光的照射下会急剧升温（可达 50℃ 以上），为了防止过高温度对传感器的温度测量产生影响，田间使用时应注意遮阳与防护。

2. 设备选型

基于电化学分析的测量方法，自带介电原理土壤湿度传感器及 LPTC 温度传感器。当测量类型为土壤盐分（EC）时，使用温湿补偿型电极，具备结构简单、性能稳定、响应速度快、受土壤湿度影响较小等优点。使用高性能处理器，针对每个探头进行单独标定。用户只需通过简单的电压、电流采集即可得到被测土壤信息，一般无须进行二次标定。采用线性传感器器件以及数字补偿方式，精度较高，温度、湿度可单独输出。采用功耗管理策略，在降低功耗的同时加强对探头电极的保护，使电极的极化现象放缓，有效延长探头使用寿命。具备电源线、地线、信号线三向保护功能，可防护因反接、短路等造成的损毁。土壤含水率和温度两参数合一；完全密封，耐酸碱腐蚀，可埋入土壤或直接投入水中进行长期动态检测；精度高，响应快，互换性好，探针插入式设计保证测量精确，性能可靠；完善的保护电路与多种信号输出接口可选。具体设备参数如表 6-8 所示。

表 6-8　土壤传感器相关技术参数

项目	技术参数
土壤温度	温度测量范围：−50～80℃ 准确度：±0.2℃ 分辨率：0.1℃ 工作环境：温度−50～80℃，湿度 0～100% 温度测量通道：0～16 路/32 路（可选） 存储容量：标配 2G 内存卡，有效数据存储 5 年 供电方式：市电或蓄电池方式
土壤湿度	湿度测量范围：0～100%Vol 土壤体积含水量 准确度：±2%土壤体积含水量 分辨率：0.1%土壤体积含水量 工作环境：温度−50～80℃，湿度 0～100% 湿度测量通道：0～16 路/32 路（可选） 存储容量：标配 2G 内存卡，有效数据存储 5 年 供电方式：市电或蓄电池方式
电导率	电导率测量范围：0～19.90 毫西/厘米 准确度：±0.1 毫西/厘米 分辨率：0.1 毫西/厘米 工作环境：温度−50～80℃，湿度 0～100% 存储容量：标配 2G 内存卡，有效数据存储 5 年 供电方式：市电或蓄电池方式

3. 设备安装

选定合适的测量地点，避开石块，确保钢针不会碰到石块之类坚硬物体，按照所需测量深度刨开表层土，保持下面土壤原有的松紧程度，握紧传感器体垂直插入土壤，插入时不可前后左右晃动，确保与土壤紧密接触。

第四节　水肥一体化技术应用

一、香蕉

香蕉是芭蕉科芭蕉属植物，又指其果实，在热带地区广泛栽培食用。原产亚洲东南部，我国台湾、海南省、广东省、广西壮族自治区等地区均有栽培。香蕉植株丛生，具地下茎，地上假茎直立，矮型的高3.5米以下，一般高不及2米，高型的高4~5米。香蕉没有主根，它的根系是由球茎抽出的细长肉质不定根组成，大部分根从球茎周围生出，称为平行根。少部分从球茎底部生出，向下生长，称为直生根。根的直径除根尖外几乎相等。新根白色，质脆易断，这种形态结构使香蕉根系对土壤的水分、养分、营养状态等具有高度的敏感性。正常的植株有200~300条根，平行根主要分布在表土10~30厘米的土层中，在良好的土壤条件下侧根可长至60~100厘米，下垂根可深达50~100厘米。

香蕉适宜的设施灌溉方式有滴灌、膜下滴灌、喷水带、膜下喷水带、淋灌等，不宜采用喷灌。其中以滴灌或膜下滴灌效果最好，目前大面积推广的是滴灌施肥。采用滴灌时每行铺一条滴灌管，平均每株香蕉2~4个滴头，流量2~4升/时。对山地香蕉建议用2个滴头，山地蕉园采用压力补偿滴灌，喷水带建议膜下使用，选择流量较小的型号，在这种方式下滴灌和喷水带两者的优势都得到发挥。

（一）养分管理

香蕉为多年生常绿大型草本植物，植株高大，生长快，产量高，对肥料反应敏感，需肥量大。据报道，中等肥力水平的香蕉园每生产1 000千克香蕉果实约需吸收氮（N）9.5~21.5千克、磷（P_2O_5）4.5~6.00千克、钾（K_2O）21.2~22.5千克。香蕉是典型的喜钾作物，对钙、镁的需求量也较高，氮、钙、镁的吸收比例约为1:0.69:0.2。

香蕉在整个生长发育过程中，孕蕾期前对氮需求量大，后期对磷、钾需求较多。香蕉是耐氯作物，施用含氯化肥不会对产量和品质产生不良影响。香蕉的施肥量应依土壤、气候、品种，新植或宿根，种植密度和目标产量等而定。香蕉施肥以有机肥为主，化肥为辅，氮、磷、钾配合，偏重钾肥施用，保证植株正常生长和果实膨大所需，总体原则是前促、中攻、后补，苗期以淋施或喷施叶面肥为主，有机肥使用腐熟羊粪或牛粪等，禁用含重金属和有害物质的城市生活垃圾、工业垃圾，化肥禁用未经国家批准登记和生产的肥料，在采前 40 天停止追肥。

香蕉施肥时期依定植或留芽期、植株发育及生产季节而有差异，总的应以蕉株的不同生育阶段进行安排。

一是攻好壮苗关。定植 3 个月内要勤施薄肥，第一次应在第一片新叶全展开后开始。据观察，组培苗定植 10 天后已有良好发育的根系，根长平均达 10 厘米，所以定植 16 天后即可施第一次肥。以后要每 10 天施肥 1 次，每株施用尿素 10 克，施于植株 8~10 厘米周围，随着幼苗长大可逐步加大施肥量，但要防止施用量过大而伤根。

第二个月，每株施尿素 50~90 克，氯化钾 50~100 克，钙镁磷肥 120.5 克，硫酸镁 14.5 克，在植后第二个月内，注意平衡。对弱小植株加施肥一次，起到香蕉群体内个体生长的平衡，为香蕉的高产优质打下良好的基础。注意施肥浓度切勿过大，用量也不宜过多，以免发生肥害（烧苗）。

第三个月，每株施尿素 150~250 克、氯化钾 150~250 克，开穴或开沟施用。在这 3 个月内做到精管、细管，为前期壮秆打下基础。

二是攻好壮穗关。即花芽分化期，在抽蕾前两个月重视追肥，以增加果梳数和果指数，参考施肥量为每株施花生饼 1 千克，氯化钾 340 克，尿素 150 克，并施适量的硫酸镁。

三是攻好壮果关。根据生势、叶色决定施肥时期与数量，一般在抽蕾前几天施 1 次，断蕾后再补 1 次，以钾肥为主，氮肥次之，以促果指增长增重。从整个生长期的分配来看，香蕉抽蕾前的施肥量占全年施肥量的 70%左右产量最高，其中，营养生长期施肥量占 45%~50%，花芽分化期施肥量占 20%~25%。

旧蕉园施肥主要是攻花、攻果与攻芽。在收获后才留吸芽来接替母株结果，收果后重施基肥，离植株 30~50 厘米处开 15~20 厘米宽的环形沟，可每株施优质有机肥（如牛粪）10~20 千克，饼肥 0.5~1.0 千克和磷肥 0.25 千克，施后盖土。花芽分化前重视追肥，可使植株多分化雌花，为丰产打下基础。在果实发育期施足肥料，可加速果实生长发育，促进果指饱满，提高产量和品质。除上述施肥期以外，要注意的其他施肥时期是：种植前底肥，种植后苗期肥（17 片叶期前），抽蕾后的壮果肥，越冬前过寒肥及越冬后早春肥。香蕉全年需追肥 10~15 次。

（二）水分管理

香蕉不存在休眠及干旱、低温促花问题，只要温度适宜，全年都在生长。维持根系层土壤处于湿润的状况是高产的重要保证。研究表明，香蕉在营养体最大时，晴天每株耗水约 25 千克，多云天耗水约 18 千克，阴天耗水约 9.5 千克。根据滴头的间距和流量，平均每株 4 个滴头，如滴头流量为 2.3 升/时，也即在耗水最大的情况下，滴灌 2.7 小时可以满足香蕉的需水要求。滴灌能使深层土壤湿润，香蕉根系分布于更深土层，可以避免夏季浅层土壤高温影响根系生长。建议湿润深度为 60~70 厘米。采用喷水带时，灌溉 20~30 分钟。通常可埋设两支张力计来监测土壤水分状况，一支埋深 30 厘米，一支埋深 70 厘米。当 30 厘米张力计读数达 -15 千帕时开始滴灌，滴到 70 厘米张力计读数回零为止。微喷灌时可以采用湿润前峰探测仪，埋深 40 厘米，当看到浮标升起即停止灌溉。另一种简单的方法是用螺杆式土钻在滴头下取土，通过指测法了解不同深度的水分状况。

由于香蕉的生长严重受气温影响，香蕉的生育期与抽生叶数存在很好的相关性，可以借助叶片的数量来指导施肥。在生产上常根据香蕉的叶片数量来确定施肥量和施肥次数。一般每抽生两片叶即施一次肥，抽蕾后继续施 3~4 次，间隔 20 天左右。管理精细的蕉园每出一片叶施肥一次，效果更好。

土壤在多雨季节不缺水，灌溉设施仅用于施肥，此时应尽量缩短施肥时间，一般控制在 30 分钟内完成，喷水带要控制在几分钟内完成，并尽量避开暴雨天气，以免雨水或过量灌溉将肥料淋洗到根系层以下。

二、荔枝

荔枝是无患子科荔枝属植物。荔枝是起源于我国的世界级名果，分布于中国的西南部、南部和东南部，广东和福建南部栽培最盛。亚洲东南部也有栽培，非洲、美洲和大洋洲有引种的记录。荔枝与香蕉、菠萝、龙眼一同号称"南国四大果品"。荔枝为常绿乔木，最高可达 20 米，寿命长达千年。主干粗壮，树皮多光滑、棕灰色，枝叶茂密，树冠半圆至圆形，主枝粗大，分枝多，向四周均匀分布，树姿常因品种而异。

荔枝庞大的根系由主根、侧根、须根和菌根组成。主根在一定部位上生出多数侧根，荔枝的侧根为灰褐色。须根着生于侧根上，是根系最活跃的部位，由吸收根、瘤状根及输导根组成。吸收根初生白色，主要分布于疏松肥沃的耕作层土壤，有根毛，海绵层厚，稍有弹性，易断，不具根毛，幼根常与真菌共生，形成内生菌根。输导根在吸收根之上，由吸收根演化而来，海绵层脱落，黄褐色，木质化程度逐渐加强，主要起输导水分和养分的作用。瘤状根着生于输导根上，瘤状根的多少与荔枝的丰产性呈正相关。

荔枝根系的分布因繁殖方法、土壤的性质、地下水位、树龄及栽培管理不同而异。荔枝吸收根群主要集中分布在10～150厘米深的土层中；根系的水平分布随树冠的扩大而扩大，一般可比树冠大2.3～3.0倍，但以树冠滴水线内外20厘米分布最多。虽然在疏松肥沃土层深厚的坡地，实生树的垂直根可以深达4～5米，高空压条繁殖的大树也可达3～4米土层，但在潮湿南亚热带红黄壤条件下，根系一般分布浅。据调查，36年生黑叶高空压条树的根系在广州平地最深仅80厘米，主要分布层为10～40厘米，根浅叶茂使树体对水分胁迫反应敏感。

荔枝一般以滴灌和微喷灌效果最好，微喷灌适宜平地果园，每株安装一个微喷头，流量为100～200升/时，喷洒半径2～3米，安装于两树之间。滴灌则适宜所有地形。一般平地用普通滴灌或压力补偿型滴灌，而山地必须选用压力补偿型滴灌，以保证出水均匀。滴头流量2～3升/时，滴头间距60～80厘米。

（一）养分管理

荔枝生长发育需16种必需的营养元素，从土壤中吸收最多的是氮、磷、钾。据报道，每生产1 000千克鲜荔枝果实，需从土壤中吸收氮（N）13.6～18.9千克、磷（P_2O_5）3.18～4.94千克、钾（K_2O）20.8～25.2千克，其吸收比例约为1：0.25：1.42，荔枝是喜钾果树。荔枝对养分的吸收有两个高峰期：一是2—3月抽发花穗和春梢期，对氮的吸收量很多，磷次之；二是5—6月果实迅速生长期，对氮的吸收达到最高峰，对钾的吸收也逐渐增加，如果养分供应不足，易造成落花落果。

1. 幼年树施肥

采用少量多次的方法，通常在每次梢萌动前施用，年施4～6次。第一年施用氮肥（尿素）0.10～0.15千克、磷肥（过磷酸钙）0.05～0.10千克，并在秋梢萌动前加施一次氯化钾0.2～0.3千克；第二、第三年施氮肥量增加1～2倍，施用钾肥次数增加2～3次。

2. 成年树施肥

成年树施肥一般每年3～4次。

1）攻梢肥。以施用速效肥料为主，每株施专用肥2.5～3.0千克或尿素0.8～

1.0千克+磷肥0.2~0.4千克+氯化钾0.3~0.5千克，可分两次施用，一次在采果前7~10天，在第一次梢成熟时施第二次肥。

2）花肥。在花芽分化期（结果梢起红点时）施用，每株施专用肥2~3千克或尿素0.3~0.5千克+磷肥0.4~0.6千克+钾肥0.3~0.5千克；另外，在花穗长至10~15厘米，每株施硼砂50克、硫酸镁200克、硫酸锌80克、磷肥0.20~0.25千克、钾肥0.3~0.5千克。

3）果肥。在谢花后7~10天和果实膨大期施用，重施磷、钾肥。第一次施用时要看叶色，若叶色淡绿、老叶浅黄时，施专用肥1~2千克或尿素0.1千克+磷肥0.10~0.20千克+钾肥0.2~0.3千克；当叶色浓绿时，不施氮肥，磷肥减半。第二次施肥要注意氮源的选择，每株施用硝酸钙0.2~0.3千克、磷肥0.2~0.3千克、氯化钾0.3~0.5千克。

（二）水分管理

保持均衡的土壤水分是果实正常发育的重要措施，同时均衡的水分供应还可以预防裂果。当采用滴灌时，在田间土层30厘米和60厘米深度埋两支张力计，当30厘米张力计读数达-15千帕时开始滴灌，滴到60厘米张力计读数为零时停止灌溉。主要灌水时期为抽梢期、开花前后和果实生长发育期。冬季如无过度干旱一般不灌溉。当对滴灌有一定的使用经验后，可用简单方法了解土壤水分状况。只要用锄头挖开滴头下土壤，用手抓捏能握成团而不粘手表示土壤水分正常。微喷灌一般每次灌溉半小时左右，湿润深度30~40厘米为宜。

荔枝采用水肥一体化施肥技术已经逐渐得到应用和果农的接受。由于采用水肥一体化施肥技术能及时提供适当的水分和养分，及时、定量满足荔枝营养生长，在短时间内对大面积荔枝园进行施肥灌溉，比常规方法施肥快7~10倍。连续几年的对比试验结果均表明，采用水肥一体化施肥技术，可显著地提高荔枝产量和品质，主要原因是增加了坐果率，果实增大，果实中大果的比例明显提高。

龙眼与荔枝同属无患子科，生长习性非常相似，水肥管理也可以参照荔枝。

三、西瓜、甜瓜类

西瓜、甜瓜为一年生蔓性草本植物，种植于塑料大棚、日光温室、小拱棚和大田。以西瓜为例，其生育周期主要有发芽期、幼苗期、伸蔓期、结果期。西瓜根系发达，主根入土深度达1.5米左右，侧根水平伸展范围可达3米左右，主侧根主要分布于土壤表层30厘米左右。一般早熟品种根系分布较浅，中、晚熟品种入土较深。西瓜要种植在疏松透气的土壤。西瓜适宜的灌溉模式有膜下喷水带、膜下滴灌等。其中以膜下喷水带最为普及，通常一行西瓜安装一条喷水带，孔口朝上，覆膜，砂土对流量要求不高，但黏土要流量小，否则易出现地表径流。如采用滴灌，一种植行铺设一条滴灌管，覆膜或直接铺在地面，滴头间距40～50厘米，流量1.5～3升/时，砂土选大流量滴头，黏土选小流量滴头。

（一）养分管理

西瓜生长速度快，要及时供应养分。西瓜喜欢透气性好的轻质或砂质土壤，这类土壤保水保肥能力差。应用水肥一体化技术后少量多次的施肥灌溉正好解决这一问题。西瓜发芽期需肥量极少，主要靠种子贮藏的养分；幼苗期吸肥量也较少；抽蔓期吸肥量增多，占总吸肥量的14%；结瓜期吸肥最多，约占总量的85%。开花坐瓜前以氮肥为主，氮磷钾的比例是3.6：1.0：1.7；坐瓜后对钾的吸收量剧增，瓜褪毛阶段吸收氮、钾相当，瓜膨大阶段达到吸收高峰，氮、磷、钾比例变为3.6：1.0：4.6。通常生产1吨西瓜需要氮（N）1.3～1.5千克，磷（P_2O_5）0.24～0.35千克，钾（K_2O）2.6～3.0千克。根据这些数据可以计算出目标产量的施肥量。如每亩产量为5吨，由于水肥同施可以大幅提高肥料利用率，建议每亩施用N 12千克，P_2O_5 5千克，K_2O 25千克。追肥要用水溶肥，选用西瓜专用的液体或固体水溶性复合肥。整个生育期追肥15次左右。

（二）水分管理

西瓜定植后至采瓜期一直保持土壤10～40厘米深度处于湿润状态。维持土壤均衡的水分状态是防止裂瓜的重要措施。对壤土和砂土可以用简单的指测法判断土壤的水分状况。通常滴灌每次灌溉2小时左右，微喷带每次10分钟左右，在有天然降雨的地方，一定要起垄种植，及时排走积水。

哈密瓜、甜瓜的水肥一体化技术与西瓜类似，水分和养分管理可参考西瓜。

四、茄果类蔬菜

茄果类蔬菜有番茄、茄子、辣椒、黄瓜、冬瓜、苦瓜等。共同特点是根系分布较浅，主要分布在10～30厘米土层，根系密集，须根多。营养生长与生殖生长同步进行。茄果类蔬菜通常起垄种植，开花结果后一些品种要搭支架固定。适宜的灌溉方式有滴灌、膜下滴灌、膜下微喷带。其中膜下滴灌应用面积较大。采用滴灌时，可用薄壁滴灌带，壁厚0.2～0.4毫米，滴头间距20～40厘米，流量1.5～2.5

升/时。采用水带时，尽量选择流量小的。以番茄为例，介绍水肥一体化的应用管理。

（一）养分管理

茄果类蔬菜的营养规律存在高度相似性，喜硝态氮、喜钾、喜钙。通常氮、磷、钾比例为 1∶0.4∶1.5。每生产 1 吨番茄需要氮（N）3.4 千克，磷（P_2O_5）1.0 千克，钾（K_2O）4.8 千克。氮的吸收在幼苗期占 10%，开花坐果期占 40%，结果期占 50%，第一穗果膨大前，吸钾迅速增加，果实发育期吸钾达到高峰。进入营养生长与生殖生长后，是氮磷钾吸收的高峰期，即植株的生长量与养分的吸收量基本同步并呈正相关。番茄生长需肥有以下特点：番茄生长早期，吸氮量高于吸钾量；以后（5～10 周）日吸钾量明显增加，直到结果早期。开花结果期的氮钾需求量均衡增长，直到收获。在整个生育期需磷量保持在相对稳定的低水平。各生育阶段吸收氮、磷、钾比例：移栽至开花为 1∶0.12∶0.58；开花至结果期为 1∶0.11∶1.04；收获期为 1∶0.16∶1.41。为简化施肥管理，在上述 3 个生长阶段进行施肥，参考不同阶段的施肥比例，一般配制 2～3 种肥料分期施用可达到平衡施肥要求。

番茄大致代表了茄果类蔬菜的营养生长规律，其营养生长阶段的划分也为其他茄果类作物的施肥管理提供了依据。茄果类蔬菜在冬季大棚中广泛种植，在养分管理上冬季以硝态氮为主，夏季气温较高可以增加铵态氮。由于种植方式不同和管理水平差异，产量相差很大，由此大田栽培和温室栽培的养分吸收规律也存在很大差别，温室栽培在 60 天之内氮、钾都达到第一个吸收高峰，而大田栽培此时刚开始进入快速吸收阶段。表 6-9 为温室番茄灌溉施肥的推荐用量。

表 6-9　温室番茄应用水肥一体化的施肥计划

生长期	N [千克/（亩·天）]	P_2O_5 [千克/（亩·天）]	K_2O [千克/（亩·天）]
播种期—开花期（约 25 天）	0.10	0.05	0.09
开花—坐果期（约 20 天）	0.14	0.03	0.17
坐果期—成熟期（约 25 天）	0.19	0.02	0.31
成熟期—收获期（约 35 天）	0.24	0.02	0.40

（二）水分管理

番茄基本都是一年生的，从定植到采收末期保持根层土壤处于湿润状态是水分管理的目标。一般保持土壤 10～40 厘米土层处于湿润状态。可以用简单的指测法判断土壤的水分状况。通常滴灌每次灌溉 1～2 小时，根据滴头流量大小来定；微喷带每次 5～10 分钟，切勿过量灌溉，以免养分淋失。在有天然降雨的地方，一定要起垄种植，及时排走积水。

五、根菜及葱蒜类蔬菜

常见的根菜及葱蒜类有马铃薯、萝卜、胡萝卜、山药、姜、葱、大蒜等。适宜的灌溉形式有滴灌、微喷水带。对于起窄垄种植的，以滴灌最佳，如萝卜等；起宽垄种植的，以微喷带最佳，如洋葱等。采用滴灌时，可用薄壁滴灌带，壁厚 0.2～0.4 毫米，滴头间距 20～40 厘米，流量 1.5～3.0 升/时。如用微喷水带，可选用多种规格，每条喷水带喷两垄或三垄，喷水带出口朝上。这些蔬菜的水肥一体化管理措施类似，以胡萝卜为例进行说明。

（一）养分管理

胡萝卜生长所需氮、磷、钾比例为 1:0.4:1.4。每生产 1 吨胡萝卜需要氮（N）4.1 千克，磷（P_2O_5）1.7 千克，钾（K_2O）5.8 千克。胡萝卜需磷较多，对氮磷钾的吸收与生长量是同步和成比例的。吸收高峰在肉质根快速膨大期，氮磷钾基本维持一个较恒定的吸收比例。在基肥的基础上，整个生育期追肥 6～8 次。第一次追肥在出苗后 3～4 片真叶时进行，亩施用 2 千克尿素，1.5 千克磷酸二氢钾，2.5 千克硝酸钾；第二次追肥在 6～8 片真叶时进行，亩施用 3 千克尿素，2 千克硝酸铵钙，3 千克硝酸钾，4 千克硫酸镁；第三次追肥在叶片生长盛期，亩施用 4 千克硝酸铵钙，3 千克硝酸钾，2 千克磷酸二氢钾，4 千克硫酸镁。进入肉质根膨大盛期，可安排 3 次追肥，间隔 10 天左右一次，每次亩施用 2 千克尿素，1.5 千克磷酸二氢钾，2 千克硝酸钾。每次可加入适量螯合态微量元素与其他肥料一起施用。

（二）水分管理

胡萝卜是对水分管理要求比较高的作物。播种后要保持土壤湿润，以利于出苗。一般用喷水带喷 10～15 分钟，使土壤 5～20 厘米水稻保持湿润。苗期对水分需求不大，但要防止土壤表层过快变干，应少量多次浇水，有利于发根，同时防止幼苗徒长。当进入叶片生长盛期至肉质根快速膨大期，一直保证土壤表层至 30 厘米土层处于湿润状态。胡萝卜肉质根膨大期是对水分需求最多的时期，浇水要及时，收获前半个月不浇或少浇水，防止胡萝卜开裂。田间经常有裂根问题，主要原因是水分管理不当。胡萝卜肉质根膨大期浇水不均匀，如前期灌溉不足，肉质根生长缓慢，后期突然过量浇水或突遇强降雨，肉质根吸水后内部迅速膨胀引起开裂。一直保持土壤处于湿润状态，即使突降大雨，也不会造成大量裂根。水分监测可以采用简单的指测法。

如果每次喷水都结合施肥，效果会更好。具体做法是将上述每次的推荐施肥量分配到更多次。配肥时注意肥料间的反应，如硝酸铵钙不能与磷酸二氢钾同用，要先用一种，再用另一种。

六、叶菜类蔬菜

叶菜类蔬菜有大白菜、小白菜、菜心、甘蓝、花椰菜、菠菜、芹菜等。叶菜类共同特点是根系浅，大部分分布于土层 10 厘米左右。一般栽植密集，生长期短，植株矮。最适宜的灌溉方式是喷灌，可选用移动式喷灌、半固定式喷灌和固定式喷灌。摇臂式喷头是田间应用较多的喷头。喷头流量 1.0～2.0 米³/时，射程 5～9 米。一些地方采用滴灌用于叶菜种植，如起垄种生菜，每两行生菜间铺设一条滴灌管，滴头间距 20～30 厘米，流量 1.0～2.5 升/时，用薄壁滴灌带。

（一）养分管理

叶菜类蔬菜生长快，在低温条件下，氮肥供应以硝态氮为主。移栽或直播出苗后开始追肥，一般追肥 6～8 次，每隔 3 天追一次。一般叶菜要求的氮、磷、钾比例为 1：0.5：1.7，追肥种类主要有尿素、硝酸钾、硝酸铵钙、硫酸镁、水溶性复合肥等。要注意喷施浓度，以防浓度过高烧伤叶片。由于喷灌对肥料的溶解性要求较低，一些有机肥经初级过滤后也可喷施，如沼液等。但要注意有机液肥的浓度，当 EC 值在 2～3 毫西/厘米时为安全浓度。

叶菜类蔬菜要注意补钙和补钾，提高蔬菜品质和耐贮性，菜心要有花才能提高商品价值，在开花前喷施高磷复合肥可以促进成花。

（二）水分管理

叶菜类蔬菜的水分管理非常简单，原则是频繁灌溉，保持 15 厘米土层处于湿润状态。每次灌溉时间在 8～10 分钟，气温高时每天上午下午均要灌溉。如采用滴灌每次要 1 小时，气温高时早晚各 1 次。

七、玉米

玉米是适宜采用水肥一体化的粮食作物，可用滴灌、膜下滴灌、微喷带、膜下微喷带、移动喷灌等多种灌溉模式。如采用滴灌，一般两行玉米一条管，行间 40 厘米，两条滴灌管间隔 90 厘米，每亩用管量约 740 米。滴头间距 30 厘米，流量 1.0～2.0 升/时为宜。如采用 1.5 升/时的流量，则每小时每亩灌水为 3.7 米³，定植 4 400 株，则每株可获得 0.84 升的水量。

（一）养分管理

玉米一生经历出苗、拔节、抽雄、吐丝、灌浆、成熟期。各时期对养分的吸收量存在很大差别，大致是苗期少，拔节至抽穗开花期最多，开花授粉后吸收量减少。每生产 1 吨玉米籽粒需要氮（N）25 千克，磷（P_2O_5）10 千克，钾（K_2O）22 千克。可以根据目标产量计算施肥量，建议 20%～30% 的肥料做基肥施用，其他肥料分多次通过滴灌施入土壤，抽雄至灌浆是主要的施肥时期。喷灌时注意施肥浓度控制在 0.2%～0.3%。

华南地区主要种植甜玉米，大部分在平整地块种植，可采用普通的滴灌管或微喷带。在施足基肥的基础上，目标产量为 1 700 千克（鲜穗产量），计划追施 30 千克尿素，30 千克氯化钾，10 千克硫酸镁。分 10 次施入土壤，约 1 周施肥 1 次。苗期和成熟前期少些，其他时间量多些。玉米的根系主要分布在土壤的 10～30 厘米土层，尽量将滴水肥时间控制在 2 小时以内，以免滴灌时间过长将肥料淋失。

（二）水分管理

根据土壤干湿情况进行灌溉，当用手抓捏土壤成团或可以搓成条时，表示土壤不缺水，整个玉米生长期间保持土壤均衡湿度。北方地区玉米膜下滴灌具有春季保温、节水、节肥、节工、增产的效果，这些年已在大力示范和推广。

理论上，只要是旱地作物都可以实施水肥一体化技术。多年来，水肥一体化技术在各种作物上试验示范推广。除上述列举的不同类型主要作物外，水肥一体化技术在棉花、苹果、梨、马铃薯、哈密瓜、中药材、小麦、牧草、橡胶等几十种作物上都有应用报道。限于篇幅，不对这些作物的水肥管理进行详细介绍。可以通过将作物归类到木本、藤本、草本，深根、浅根，一年生或多年生作物，从而确定其适宜的灌溉模式及施肥方案。

主要参考文献

陈芳，2022. 水肥一体化技术发展现状与对策 ［J］. 农业工程，12（2）：75-78.

窦青青，何青海，孙永佳，等，2021. 水肥一体化技术在苹果园中的应用研究 ［J］. 农业装备与车辆工程，59（2）：19-22.

郭汉清，刘洋，秦智通，等，2022. 水肥一体化技术在大棚西红柿中的应用研究 ［J］. 山西水土保持科技（2）：26-30，56.

黄语燕，刘现，王涛，等，2021. 我国水肥一体化技术应用现状与发展对策 ［J］. 安徽农业科学，49（9）：196-199.

何世朋，梁斌，武德军，等，2020. 设施菜地番茄的养分需求规律 ［J］. 华北农学报，35（增刊）：282-288.

梁嘉敏，杨虎晨，张立丹，等，2021. 我国水溶性肥料及水肥一体化的研究进展 ［J］. 广东农业科学，48（5）：64-75.

梁飞，2021. 协同视域下水肥一体化技术发展中存在的问题思考及对策 ［J］. 肥料与健康，48（1）：1-5.

李汉棠，谢铮辉，方纪华，2021. 芒果智能水肥一体化技术实践 ［M］. 北京：中国农业出版社.

马宏秀，张开祥，申浩，等，2021. 果树水肥一体化技术的应用现状与建议 ［J］. 落叶果树，53（5）：43-45.

滕云，张忠学，司振江，等，2017. 振动深松耕作对不同类型土壤水分特征曲线影响研究 ［J］. 灌溉排水学报，36（5）：52-58.

王远，许纪元，潘云枫，等，2021. 太湖地区设施番茄水肥一体化技术增效减排效果评价研究 ［J］. 中国土壤与肥料（5）：268-274.

王实娟，2021. 水肥一体化技术在番茄生产中的应用 ［J］. 农业工程技术，41（19）：82-84.

邢惠芳，张国良，赵宏亮，等，2022. 水肥一体化技术及其在草莓生产上的应用 ［J］. 农机化研究，44（2）：264-268.

于淑慧，朱国梁，董浩，等，2020. 微喷灌追肥减量对小麦产量和水分利用率的影响［J］. 山东农业科学，52（11）：46-50.

张承林，邓兰生，2012. 水肥一体化技术［M］. 北京：中国农业出版社.

张婷，2022. 农业水肥一体化技术的发展现状与措施［J］. 南方农业，16（10）：28-30.

张瀚，李晗，陈奇，等，2021. 海南省槟榔水肥一体化应用模式及配套技术［J］. 南方农业，15（22）：106-108，129.

张艳艳，李文金，康涛，等，2021. 覆盖地膜和水肥一体化技术对花生生长发育和产量的影响［J］. 山东农业科学，53（1）：52-56.